新手拍牛片

DSLR 数码摄影

技法、实战、后期处理完全解密

吉米王 著

中国青年出版社 CHINA YOUTH PRESS　中青雄狮

律师声明

北京市邦信阳律师事务所谢青律师代表中国青年出版社郑重声明：本书由著作权人授权中国青年出版社独家出版发行。未经版权所有人和中国青年出版社书面许可，任何组织机构、个人不得以任何形式擅自复制、改编或传播本书全部或部分内容。凡有侵权行为，必须承担法律责任。中国青年出版社将配合版权执法机关大力打击盗印、盗版等任何形式的侵权行为。敬请广大读者协助举报，对经查实的侵权案件给予举报人重奖。

侵权举报电话

全国"扫黄打非"工作小组办公室　　　　　　　中国青年出版社
010-65233456　　010-65212870　　　　　　010-59521012
http://www.shdf.gov.cn　　　　　　　　　　E-mail: cyplaw@cypmedia.com
　　　　　　　　　　　　　　　　　　　　　MSN: cyp_law@hotmail.com

图书在版编目（CIP）数据

新手拍牛片：DSLR 数码摄影技法、实战、后期处理完全解密/吉米王著．－2 版．－北京：中国青年出版社，2014.4
ISBN 978-7-5153-2256-8
I.①新…　II.①吉…　III.①数字照相机－单镜头反光照相机－摄影技术　IV.①TB86 ② J41
中国版本图书馆 CIP 数据核字（2014）第 046487 号

版权登记号：01-2014-0966

新手拍牛片：
DSLR数码摄影技法、实战、后期处理完全解密
吉米王　著

出版发行：中国青年出版社
地　　址：北京市东四十二条 21 号
邮政编码：100708
电　　话：（010）59521188 / 59521189
传　　真：（010）59521111
企　　划：北京中青雄狮数码传媒科技有限公司

策划编辑：孔祥飞
责任编辑：林　杉
封面设计：六面体书籍设计　姜懿针苏　邱　宏

印　　刷：北京建宏印刷有限公司
开　　本：787×1092　1/16
印　　张：22
版　　次：2014 年 7 月北京第 1 版
印　　次：2014 年 7 月第 1 次印刷
书　　号：ISBN 978-7-5153-2256-8
定　　价：89.00 元

本书如有印装质量等问题，请与本社联系
电话：（010）59521188 / 59521189
读者来信：reader@cypmedia.com
如有其他问题请访问我们的网站：http://www.cypmedia.com

"北大方正公司电子有限公司"授权本书使用如下方正字体。
封面用字包括：方正兰亭黑系列、雅宋系列

吉米自序

人生第一次接触摄影是在一个不期而遇的情况下，当时只有一台俄制的机械相机，和一支完全搞不懂上面密密麻麻数字意义的标准定焦镜头。拥有这台向父母耍赖所获得的"战利品"时，自己绝对想象不到，在数十年后的今天可以有机会跟摄影爱好者分享这些年累积下来的摄影学习经验。

决定出这本书的同时，心里矛盾了很久，从来没有想过自己有机会可以重新体验那当初学习摄影历程时的青涩。那时自己无法负担胶片冲洗费用，因此每次按下快门都非常谨慎。也没有能力去上摄影培训课，在当时甚至没有任何书籍可以参考，只能勤作笔记，从观赏、模仿、临场、实战中体验摄影的原理和技巧，以及摄影背后的不同意义。

数字时代的来临降低了摄影的门槛，摄影的学习方式变成了Try Error的新方式。即使不知道摄影原理，只要多练习拍几张就可以拍好，开启了学习摄影的门扉。但这样一来摄影的本质可能就被掩盖了，甚至有人开始一味追逐高档的摄影器材。摄影的历程不该从文字钻研开始，也不该到追逐器材结束，视觉的真实感受才是摄影者真正要体会的。

人的记忆中，图像记忆会比文字记忆相对深刻。本书利用图像记忆的方式，让读者在同样的场景中，瞬间唤醒所有的学习回忆。除了需要详加说明的技术名词外，全部利用图像来引导文字，一幅照片演绎一个场景，一个场景表达一个想法，一个想法阐释一个技术。在遇到与书中照片同样的场景时，希望读者会在脑中回想起书中所教的技术，然后加上自己的创意，最后通过模仿与实践慢慢去培养具有自己特色的摄影技法，早日拍出牛片来。

吉米王

吉米王的摄影网站：WWW.PCKING.NET
吉米王的Facebook：WWW.FACEBOOK.COM/PCKING.NET
吉米的MSN账号：photo888@msn.com

吉米小诀窍 本书共分成三部分：摄影基础技法、情境摄影实战和摄影后期处理。如果想从基础学起，可参阅摄影基础技法部分的章节，奠定扎实的摄影基础。如果已经有一些实拍经验了，则可以从情境摄影实战部分的照片实例中去学习拍摄时的取景角度与曝光条件。而如果想学一些不一样的数码照片后期处理技巧，可以学习摄影后期处理部分的章节。

目录
Contents

Part 01 摄影基础技法 ——牛片入门修炼法

Chapter 01
摄影器材选购规划
——适合自己才是最好的

Chapter 02

摄影入门基本概念
——新手知识一个都不能少

Chapter 03

摄影简易构图概念
——构建牛片的黄金骨架

Chapter 04

摄影之心番外篇
——为自己的作品赋予灵魂

Part 02 情境摄影实战 ——牛片入门修炼法

Chapter 05

静物摄影
——静中有变 以静表动

Chapter 06

生活摄影
——以点带面 小中窥大

Chapter 07

人像摄影
——景为情辅 浑然天成

Chapter 08

动物摄影
——放低姿态 释放灵性

Chapter 09

婚礼摄影
——闹而不乱 浪漫温情

Chapter 10

风景摄影

——融入自然 学会等待

Chapter 11

夜拍与烟花摄影
——控制光线 主宰黑夜

Chapter 12

动态摄影
——冻结时间 保鲜动感

Part 03　摄影后期处理　——牛片画龙点睛术

Chapter 13

数码照片后期处理
——我的照片我做主

Part 01

摄影基础
技法——牛片入门修炼法

绘画是一种加法，利用绘画经验的积累，为一张白纸慢慢加上自己所要的创意元素；摄影是一种减法，利用构图经验的积累，在原本复杂的场景中慢慢减去不合时宜的干扰。两者都是一种创意，也都需要扎实基本功的训练。所以在模仿别人的拍摄创意前，先掌握所有的基本技巧，拍摄时举一反三，拍出牛片就不是难事了。

Chapter 01

摄影器材选购规划——适合自己才是最好的

　　工欲善其事，必先利其器。学习摄影的第一步是了解器材，找到自己可以上手的相机与镜头，而非一味地去购买最顶级最昂贵的摄影设备。评估自己的经济能力，去找一部最合适自己用的相机才是明智之举。如果只知追高或追新，就会忽略摄影原本的记录意义，变成单纯的器材玩家。

1-1 数码相机之采购规划

　　当你决定要踏入摄影之门时，最重要的就是选择一台适合自己的相机，这台相机可以是傻瓜相机，也可以是俗称"机皇"的顶级单反相机。

　　一个新手在面临这样的问题时，通常会上各大摄影网站去询问摄影前辈相关的问题，而得到的回答大多是超出自己能力范围的建议，或者是各品牌拥护者似是而非的非理性回应。其实最简单也最重要的是：除了选择自己喜欢的摄影系统外，还要了解自己真正需要的是该系统的哪种特性，以及自己在经济上是否可以负担。

　　目前的数码相机大致上可以分成三类，Digital Camera（简称DC，消费级数码相机）、Mirrorless Interchangeable Lens Camera（简称MILC，无反相机），以及Digital Single Lens Reflex Camera（简称DSLR，数码单反相机）。其中DC无法更换镜头，但通常都会比较方便携带；而MILC与DSLR都可以更换镜头，MILC体积较小，而DSLR体积较大。

　　不过，有些高档的DC虽然无法更换镜头，却可以拍摄出媲美DSLR画质的照片。这是因为尽管一台好相机能够让你事半功倍，但是一个摄影高手就像一个武林高手一般，手中的相机只是一件辅助的武器。当你有扎实的功底时，随心所欲就能拍出牛片。

　　撇开所有技术不谈，就单纯选择DSLR而言，一般第一次选择相机时，会面临许多抉择，最重要的一件事就是选择品牌。但选择品牌不是选择那些光鲜亮丽的名牌形象，而是选择最适合自己的摄影系统。因为摄影新人不像已经踏上摄影之路已久的摄影老手，会有系统限制（当你选定一个系统之后，由于不同品牌之间的系统并不兼容，所以会限制日后选择配备的规格），所以尽可能在各个品牌间任意挑选。

　　目前DSLR的主流品牌有：Canon、Nikon、Leica、Fujifilm、Olympus、Panasonic、Pentax、Sigma、Sony，其中Leica、Olympus与Panasonic属于4/3系统（使用4/3感光元件，镜头接口完全一样，镜头可以互用），而Leica也有自己的M系统与S系统。因为属于较高价的产品系列，所以不在本书介绍。所以如果要选择一台DSLR，可以先从以下几大系统来考虑。

Canon DSLR

　　佳能（Canon）的DSLR目前是最多人使用的。许多使用者会以相机有没有全画幅机型当作选择高档相机品牌的标准之一，但是全画幅其实只是一种使用习惯，并非必要的选择依据。Canon有APS与FF（全画幅）两大系统。如果对系统不熟，大致上只要知道镜头标识EF就是两者都可以用，标识EF-S就只有APS系统可使用了。

　　Canon拥有最完整的镜头群，分APS镜头与全画幅镜头，等级也分普通镜头与标有红圈的L镜头。一般会选择Canon大多是因为镜头群选择性强，另外因为其镜后成像距的优势与Olympus数码单反一样，是一些喜好转接有名的老镜头、经典镜头或电影镜头的老玩家所喜欢使用的系统。

　　主流机型有1DX、5D Ⅲ / 5D Ⅱ、6D、7D、70D、700D、100D、C300。

1DX：在旧1Ds系列一直未更新第四代后，1DX系列以更强的功能取代了以往1Ds的全画幅机皇的称号（全画幅机）

70D：从10D开始到20D、30D、40D、50D，直到60D，这一系列都是Canon非常受欢迎的APS系列的中高档机身，而中档机有翻转屏幕的功能，就非70D莫属了（APS画幅机）

5D Ⅲ / 5D Ⅱ：目前5D是Canon最受欢迎的全画幅机系列，在5D三代上市后，因为价格偏高，所以5D二代仍是一个经济的选择（全画幅机）

700D / 650D / 600D / 550D：这系列的机型为入门机型，是学习摄影技巧的最经济选择，当然会少了一些专业机型有的特殊功能，但这也是新手的最佳选择（APS画幅机）

6D：6D是一个新系列的首款型号，也算是Canon出的第一台平价全画幅机，使用了2000万像素的感光元件，以及11点的对焦点

100D：当初数码单反相机的价格居高不下，Canon似乎有意设计来当作更为经济的入门选择，但如果经济许可，倒是建议选择价格更高一点点的700D系列（APS画幅机）

7D：7D出现后，许多高档功能下放到中档机身的举动让很多人趋之若鹜，尤其是对焦速度快得令人印象深刻，但如果说美中不足的就是7D并不是全画幅机（APS画幅机）

C300：自Canon为5D Ⅱ加入了全画幅的录像功能之后，用5DⅡ录像就流行起来了，像美国队长这部电影就是用5DⅡ拍出来的。但C300可以视为是录像系统而非摄影系统（全画幅机）

吉米小诀窍　Canon发布的Canon EOS M是一款电子取景、无反光镜、可换镜头的相机（微单），使用了新的EF-M的镜头卡口以及APS的画幅，可以转接目前EF卡口的镜头。喜欢轻便的使用者，可以考虑一下这个新系列。

Nikon DSLR

尼康（Nikon）在传统单反的时代是一方霸主，曾经开发过许多经典的镜头与相机。虽然D1与D100系列曾经让对手震撼，但由于对数字系统开发的迟疑，所以目前在市场上是次于佳能（Canon）而使用者人数第二多的数码单反厂商。尼康单反相机的优秀设计是使用者所津津乐道的，大概只能用直觉、耐用、典雅与机能超棒来形容。

就如同使用者戏称的十年磨一剑一样，通常Nikon推出每一款经典机型，都会引起不小的抢购旋风。因为曾经是龙头的坚持，Nikon的镜头不管新旧几乎全部可以沿用。所以Nikon的镜头群包含老镜头的话，其数量可是与Canon不相上下的。

目前Nikon在市面上销售的主流机型有D3200、D5200、D7100、D600、D800/D800E、D3/D3s/D3X、D4。

D4：继D3/D3s/D3X之后的新机皇就是D4，但是面对D600的2400万像素与D800的3600像素挑战，市场区分的尴尬性会让消费者很难抉择（全画幅机）

D7100：1600万像素以及39点对焦系统的中档功能，以及能够FullHD 1920x1080的录像功能，算是Nikon在APS画幅市场中定位最佳的一台相机（APS画幅机）

D3/D3s/D3X：当初扶高纯净ISO的姿态问世，让D3一度成为摄影人心目中的梦幻逸品，而D3s后来加入了录像功能，D3X则是将感光元件提升到了2400万像素

D5200：Nikon的D5100算是一个比较特殊的系列，除了1600万像素的感光元件及11个对焦点外，算是Nikon系列中惟一可以翻转屏幕的数码单反系列（APS画幅机）

D800/D800E：D800的超高分辨率令很多镜头的缺陷被放大，而D800E则是将低通滤镜拿掉，让解析力更上一层楼，商业摄影师等人群可以考虑这个选择（全画幅机）

D3200：可以利用Android或iOS的APP来遥控相机可谓一大创举，说不定哪天市面上会出现一台内置Android系统的单反相机呢

D600：D600是让许多人跌破眼镜的新系列首款机型，因为其全画幅机的低价策略，一上市就出现缺货。如果手边没有顶级镜头，D600称得上是进入全画幅世界的最佳选择（全画幅机）

J2/V1：因为微单的流行，Nikon也推出了J系与V系的微单系统，但是因为市场布局较晚，其微单系统的镜头选择又不多，销售不大看好。虽是如此这两系列的画质却没有因为体积缩小而有所缩水，这两系列的相机都使用了CX格式的感光元件（13.2mm X 8.8mm），试图在无反相机领域中开创一片新天地

Fujifilm DSLR

　　Fujifilm（富士）是做胶片起家的，所以在色彩管理方面与Kodak都是非常先进的厂商。目前Fujifilm停产了本身所有的数码单反相机系列，而以无反系统为主力。

吉米小诀窍　富士所开发的Super CCD与一般CCD的感光元件构造不太相同。一般CCD的感光元件每一个四角形的点负责一个区域，而Super CCD则是由一个高感度的S八角元件与低感度的R八角元件来负责一个区域，其动态范围非常大，拍出来的照片层次几乎可以跟传统胶片相媲美。

X-Pro1：Fujifilm与Ko-dak齐名的色彩管理让人久久不能忘怀（APS画幅机）

X-E1：比X-Pro1更经济的X-E1系列，色彩管理模块与感光元件都不变，让富士旋风再起的机会增大（APS画幅机）

4/3 DSLR（Leica、Olympus、Panasonic）

　　4/3系统是最近几年才诞生的，原本只有奥林巴斯（Olympus）一家独撑。徕卡（Leica）的加入与松下（Panasonic）的电子技术支持，让原本孤独的Olympus在4/3系统中开始崭露头角。

　　Olympus的数码单反相机向来以不用后期处理的鲜艳色彩著称，因为过去机型采用Kodak开发的感光元件，所以成像色彩无人能敌。Olympus机身功能不因高低档而有差别，并内置目前真正有用处的超声波除尘系统，使用Olympus相机可以拥有一种非常不同的享受。

　　另外，因为Leica的加入，4/3系统目前已经有不少Leica的镜头可选用，而Panasonic的加入也引入了防抖镜头系统。此外，Olympus、Pentax与Sony三家，是目前提供机身防抖功能的数码单反品牌。

吉米小诀窍　许多人将135全画幅的Full Frame与4/3系统的Full Frame Transfer CCD搞混。Canon所称的Full Frame是称其感光元件的尺寸与135画幅胶片尺寸几乎同大小，而4/3系统的Full Frame Transfer CCD，则是可以将整个感光元件布满感光点的"全框传送"技术。传统感光元件因为需要设计传送电路，通常一个感光点只有约60%~70%用来感光，也就是说有30%~40%的光源信息被遗失了。

　　Olympus目前的主流机型有E5、EM5、EP3、EPL3、EPM2；Panasonic目前的主流机型则有GH2(GH3)、GX1、G3、GF5、G3X。

E-M5 OM-D：在EP1的M4/3系统引领了微单的风潮之后，Olympus一度重新回到数码相机的销售宝座，其典雅的外形与强大的功能让EM5也入了经典相机的阵营当中（4/3机）

GX1：沿袭了GF1不输单反的机身功能，加上例如电子水平仪、高速对焦与触控屏幕等新功能，如果原本是GF1的使用者，那GX1不容错过（4/3机）

EP3：从EP1所承袭下来的机身，除了1230万像素的感光元件与35点对焦系统外，还内置了机身防抖系统，其色调也继承了Olympus一贯以来的讨喜风格（4/3机）

G3：除了1600万像素的感光元件外，G3的对焦速度高达0.1秒，而且轻薄短小，对于需要高档功能又要求平价的人来说是很好的选择（4/3机）

EPL5：EPL系列是为了开发更廉价型机型而从EP系列改良而来的系统，其相机的表现与EP系列其实没有差别，只是让使用者有更经济的选择（4/3机）

GF5：GF系列从GF2开始就与GF1独立成为一个特色系列，似乎是专供女性市场的机型，轻薄亮丽的外形深受女性族群喜欢（4/3机）

EPM2：为了开发更小巧的M4/3系统，推出了EPM系列的微单相机，其外观设计取消了很多实体快捷键，喜欢小巧机身的使用者不妨考虑这一系列（4/3机）

GF3X：GF3X就是GF3的机身加上X系的新镜头，X系列的镜头主打超薄的饼干镜头，而GF3X就是搭配X镜头而重新推出的微单（4/3机）

Pentax DSLR

宾得（Pentax）相机以成像色彩耐人寻味而著称，该品牌在M42镜头规格年代便以超强抗眩光能力的SMC镀膜而受到情睐。目前Pentax的用户并不像Canon或Nikon那样多，镜头的选择也不多，但却是惟一全系列转接M42老镜头后可以支持合焦指示灯以及自动测光的机型，再加上K100D与K10D的机身防抖，让钟情于M42的老镜头玩家们有了更多选择。

Pentax的分级有点不太明显而且常变动，目前主流为K-5、K-r、K-x、K-7、K-30、K-01、Q。

K-5：K5在Pentax的单反系统中可以视为是第5代的专业机型，搭载1620万像素CMOS，感光度提升到了ISO 12800，连拍速度也提升到每秒7张，并有机身防抖与防尘功能（APS画幅机）

K-30：不让Olympus专美于前，K-30拥有防水防尘的全天候设计，连搭配的套机镜头都一样具有防尘效果，对于经常经历极端天气的使用者是个不错的选择（APS画幅机）

K-r：算是颜色混搭机身始祖K-x的继承人，连拍速度也由每秒4.7张升级为每秒6张，ISO感光度扩增到100-25600，当然也有机身防抖功能，还可以直接使用三号电池（APS画幅机）

Q：挟全世界最小微单的气势上市，重量仅200g左右的相机对于随拍来说是非常有优势的，因为画幅极小，画质与其他微单可能不太能比较，但毕竟轻薄短小就是它最大的优势（1/2.33画幅机）

Sony DSLR（包含Konica Minolta兼容机型）

索尼（Sony）加入数码单反市场只是2006年的事情，其数码单反系统继承了Konica Minolta（KM）的系统规格。虽然名为承接，但是当Sony α100这台拥有机身防抖功能以及千万级像素CCD的数码单反机型出现时，依然打乱了整个数码单反相机市场。与其他大厂相比，这款新机的高规格与低价格，以及支持自动对焦的蔡司（Zeiss）镜头，令Sony系统DSLR的强大实力展露无疑。

Sony的系统兼容于KM的自动对焦系统，而KM镜头向来以低价格和高质量著称，又拥有全世界惟一自动对焦的500mm折反射镜头。因此Sony系统所兼容的镜头在二手镜头与新镜市场的低价与高质量，真的是令人垂涎。

主流机型为α390、α580、α700、α850、α900与α37、α57、α65、α77、α99，再加上NEX系统之NEX-3N、NEX-5N(5R、5T)、NEX-6、NEX7和全幅的α7、α7R的微单系统。

α99：沿袭了α900的优势，是第一台搭载了2400万像素Exmor CMOS、有11个十字型相位对焦点、102个辅助对焦点、每秒12张连拍，还有目前所有全幅单反所没有的可翻转反光镜，可谓集三千宠爱于一身（全画幅机）

α77：2400万像素的感光元件、19点自动对焦、防尘防水的全天候设计，以及内置GPS，让这台APS画幅机身很难找到对手（APS画幅机）

α65：虽然α65比α77低一档，但α65一样配备了2430万像素的感光元件、XGA OLED的电子取景器，而连拍速度也是每秒12张，让这台准中档机竞争力不输α77（APS画幅机）

α37：这系列算是Sony DSLR单反的入门机，使用了1650万像素的感光元件，连拍也有每秒18张，以及内置GPS，虽然是入门机，但Sony给予的功能也不吝啬。（APS画幅机）

NEX-3N：3系列是NEX的最入门机，NEX-3N设计与前三代迥然不同，变得更加时尚，性能配置更加平衡，也是NEX系列里面的最小台（APS画幅机）

NEX-5N(5R)：5系列是NEX的中档系统，可录制全高清即1080P（1920x1080）的影片，因为有触控面板，可以快速直接地选择对焦点以及最纯净的高ISO（APS画幅机）

NEX-6：6是最新推出的系列，除连拍可达每秒10张外，ISO提高到25600。最大改革就是多了可外接闪光灯的热靴以及WIFI无线传输系统（APS画幅机）

NEX-7：在6系列没出现之前，7系列是惟一配备有OLED电子取景器的机型，使用NEX系列中最高2400万像素的感光元件与全世界最短的快门延迟时间，及其他NEX没有的快捷键旋钮，让专业用户有了选择轻薄与专业兼得的微单（APS画幅机）

吉米小诀窍 在玩家心目中的135画幅顶级相机Lieca也有数码相机，一款是支持M系列镜头的Leica M8 RF相机，另一款则是支持Leica R系列镜头的Leica R9加上数码后背，但因为这两款都属高价的机型，一般用户几乎负担不起，所以本书不作介绍。

1-2 数码单反相机购买时的简易测试

在决定要购买相机之后，最重要的就是当场检查相机的质量状况，如果有问题要马上换一台，以避免买到次品。购买测试前要准备一些材料：与相机卡口同规格的镜头、方格纸一张、白纸一张、两把直尺、Dead Pixel测试软件。

Tips Dead Pixel下载网址：http://www.starzen.com/imaging/deadpixeltest.htm

机身、屏幕、镜头刮伤检查

购买相机时最简单的就是把机身拿出来检查一遍，看看光滑面有没有残留指纹，如果有，可能是其他买家试过后发现有缺陷或不喜欢而换机时留下的指纹。接下来检查机身各个部位有无明显刮伤，检查取景器和LCD屏有没有刮痕，而LCD屏可以通过拍摄全白、全黑与三原色的物体，来检查有没有亮点或暗点。如果是有附套机镜头，还要检查前镜和后镜，看看有无发霉、有无掉漆、有无刮伤和有无进尘。最重要的是，一定要检查有无镀膜剥落或镜片刮伤。最后，不接相机，单独拿起镜头拨开光圈杆至最大光圈，直接对着电灯看，所有缺陷将会一览无余，如果有以上瑕疵，一定要要求卖家换另一台。

▲ 所有的液晶屏幕全部都要检查，除了刮伤外还要检查有无漏液

取景器进尘检查（棱镜内部与折返镜落尘）

所谓的取景器进尘检查，就是检查取景器内有无灰尘进入，折返镜以及对焦屏上有无灰尘。一般可以请卖家设定相机内的"反光板锁定"功能，来检查内部CCD感光元件上的低通滤镜有无刮伤或大量落尘。通常小灰尘不容易看出来，如果有大毛屑或刮伤，可以立即要求卖家更换一台。

▲ 反光板与CCD都是新机比较不容易受损的地方，所以一定要检查，避免买到次品

装入电池、存储卡并测试开机状况

当上个步骤检查完成后，就要检查电子组件运作的状况。在测试拍摄之前，有些相机可以检查已拍摄照片张数，应确认是否是从零开始。另外，最好事先买好测试正常的优良品牌存储卡，当场插入存储卡看是否兼容，或是读写动作正不正常。

接着放入电池（务必确认电池为未拆封的原厂新电池，有些电池会有充电记录可以检查），试拍两三张看看成像效果，如果一切正常，开启连拍功能后连续拍几十张，确认存储卡和电池有无读写上的问题。

▲ 所有插槽都要测试看看能不能过电，并试拍几张看看能不能正常运作

吉米小诀窍 一般碱性电池有无法快速充电以及无法重复使用的缺点，让许多用户转而使用镍氢充电电池。旧型的充电电池产品都有在充电后自行耗损的极大缺点，即使不用电力也会随着时间耗损殆尽。所以新上市的低自放电充电电池（如锂电池）就非常受欢迎，这些电池即使经过一年还能够保有85%的电力，更不必担心发生断电危机。

目前红极一时的低自放电充电电池，不仅可以第一次拆封就马上使用，不用再充电。其低自放电、充电快与可以重复充电1000次以上的特性，让许多闪光灯用户都列其为标准配备。

坏点、亮点、方格纸测试

这里要开始测试CCD是否有亮点和坏点，以及CCD有没有偏移。如果店家没有电脑，最好携带一台笔记本电脑，并事先下载与安装好Dead Pixel软件，以便利用软件来测试感光元件的状况。

1. 坏点测拍：开启快门优先（S、Tv）模式，并调到手动对焦，分别利用1/125秒、1/60秒、1/30秒、1/15秒、1/8秒、1秒、15秒、30秒的快门速度对着全白的纸张拍摄，并保存照片来观看是否有任何黑点（拍摄完毕使用电脑以100%大小浏览照片）。

2. 亮点测拍：开启快门优先（S、Tv）模式，盖上镜头盖调到手动对焦，并分别利用1/125秒、1/60秒、1/30秒、1/15秒、1/8秒、1秒、15秒、30秒拍摄照片并保存。拍摄完毕后，将照片传入Dead Pixel软件做测试，利用Browse浏览照片，然后按下"TEST"按钮，如果出现"Dead"则表示有坏点，无法显示任何颜色，只是一点白光点。若是出现"Hot"则表示是亮点，只会发出黄、绿、蓝其中一种颜色。

3. 方格测拍：利用标准焦距50mm来拍摄方格纸，利用取景器对准水平和垂直网格线，测试照片成像过程中上下并行的水平线与左右并行的垂直线是否有倾斜现象。

吉米小诀窍 拍摄全白画面时，如果有黑点又确定不是灰尘，那就一定是坏点。有时利用相机的LCD屏看照片有黑点，而电脑的显示屏上看照片没有，则是相机的LCD屏有坏点；如果相机的LCD屏看照片有黑点，而电脑的显示屏上看照片也有，则是相机的CCD感光元件有坏点。

检查机身、镜头、保证书与序号是否一致

之前步骤检查完后，还要检查保证书（保单）。如果是行货一定要有代理商的保证书。如果是水货一定索要店家开保证书以及原厂的保证书，不然会变成"维修孤儿"。在过去一些案例中，店家会拿旧镜头直接当新的卖，所以记得要确定核对保单上的序号与外盒及机身上的序号，确认全部都是完全一样的。

▲ 把所有有序号的配件，全部与保修卡上的序号一一比对

数码相机与镜头采购点检表

采购前准备	项目	Y	N	说明
	1.存储卡	□ Y	□ N	（先查好机型是使用哪种存储卡，用于试拍新相机。）
	2.白纸	□ Y	□ N	
	3.方格纸	□ Y	□ N	
	4.脚架	□ Y	□ N	
	5.测焦纸卡	□ Y	□ N	（有些店家会准备）
	6.手电筒	□ Y	□ N	
	7.笔记本电脑	□ Y	□ N	
重点检查表	1.口头询问　　□ Y　　　□ N 有效期限内非人为损坏是否可退换、是行货或水货、保修期内维修方式、过保修期后维修方式、维修地点以及维修时间。			
	2.检查外盒　　□ Y　　　□ N 外盒是否完整无暇、是否封条被开封过、型号对不对。检查机身与镜头是拆卖还是原厂原封。			
	3.检查配件　　□ Y　　　□ N 依照其官方说明书列表一一比对配件。没有中文说明书的可能是水货。			
	4.检查机身与镜头　□ Y　　□ N 检查机身与镜头的外观，是否有指纹、刮痕、汗渍或油污，以及卡口是否有使用过的痕迹，检查机身或镜头内有无进尘，镜头接上机身检查密合度，看着组装间隙是否太松或太紧，或是有异响。			
	5.检查电池接点与接上电池　□ Y　　□ N 检查电池是否为原厂新电池，接点是否用过，接上电池检查是否可顺利过电（检查机身电池仓有无使用痕迹）。			
	6.开机检查机身功能与感光元件状况　□ Y　　□ N 先开启电源，检查机身各旋钮按键是否运作正常，打开相机清洁功能，利用手电筒看看感光元件是否有刮伤。接着拍摄一张照片，用"光影魔术手"读取EXIF档查看拍摄张数，确认机身目前已按过几次快门。			
	7.拍摄全黑及全白照片各一张　□ Y　　□ N 利用相机拍摄过曝全白照片一张，盖上镜头盖再拍摄一张全黑的照片，检查LCD或感光元件是否有亮坏点。			
	8.测试拍摄不同ISO值下的异常色块与色线　□ Y　　□ N 调整不同ISO值，拍摄全白和全黑的照片，观察是否有异常色块或色线。			
	9.测试拍摄、录像与闪光灯　□ Y　　□ N 开启不同模式的单点对焦、多点对焦、追焦、自动对焦模式、单张拍摄、连拍等模式，利用拍摄或录像以及闪光灯配合，来测试机身与镜头功能是否运转正常。			
	10.机身与镜头搭配跑焦测试　□ Y　　□ N 拍摄方格纸，检查方格纸在照片是否方正无偏移，再使用测焦卡拍摄照片，来测试镜头有无跑焦（如果这个步骤不会做，就找有提供测焦服务的店家购买）。			
其他检查表	1.锂电池　　□ Y　　　□ N 原厂还是副厂。			
	2.保护镜（滤镜）　□ Y　　□ N 高档或是低档、有无防油或防水、不同功能滤镜需求、镜片是否干净无暇，要符合镜头口径规格。			
	3.存储卡、读卡器　□ Y　　□ N 有录像或高速连拍功能需求就选择高速卡，反之则选择低速卡，视读卡器是否支持相对的存储卡以及传输速度。			
	4.屏幕保护贴、保护盖　□ Y　　□ N 保护贴是否抗反光，硬式保护盖不容易刮伤但昂贵，保护盖在反光环境下方便拆卸（Nikon原厂通常会赠送保护盖）。			
	5.清洁保养用品　□ Y　　□ N 依照需求选购气吹、镜头笔（大品牌的比较不会刮伤）、软布，以及感光元件的清洁产品。			
	6.相机包　　□ Y　　　□ N 相机包是否内置雨衣或生活防水、如果之后会升级，选购大一点的背包，如果选择够用的小包就好。			
	7.镜头前盖、镜头后盖、机身盖、遮光罩、热靴盖　□ Y　　□ N 可以添购其他厂镜头盖、机身盖、遮光罩，或热靴盖，避免原厂的盖子移失。			
	8.充电器(国际规格)　□ Y　　□ N 充电器的规格会依照不同国家而有不同插头与电压，水货的充电器有时会不符合国内规格，需添购转接器。			

镜头初解与选购规划

1-3

单反相机的优点就是可以更换镜头，缺点就是没有镜头完全不能拍，除非购买相机加镜头的套机（Kit），才会附有较为基本的入门镜头（套机镜头）。而通常套机镜头的表现中规中矩（也有非常出色的套机镜头，例如Olympus的14mm-45mm、Nikon的18mm-70mm），所以选购新镜头就是选购相机后需要制定的重要选购计划。

▲ 镜头是决定相机成像的关键因素，价格通常都不便宜，所以选购时必须仔细规划

买镜头必须清楚以下四种指标，焦距（焦长）、最大光圈（镜片口径）、近摄能力（放大比例）、画面表现力（解析度）。

焦距

焦距也称为焦长，焦距相当于透境的主平面到底片或CCD等成像平面的距离。通常镜头设计师会利用折射原理来缩短镜头的长度。不然，假设焦距为400mm镜头的话，可能就真的要40cm长了。通常在镜头上会标识焦距单位是mm，例如标准镜头的50mm。

简单而言焦距可以当作是视角（field of view、angle of view），也就是说，透过镜头看出去的范围，这也是选购镜头最需要注意的。焦距的选择也会依照需求的不同而不同，例如拍摄风景常会使用24mm广角镜头，而拍摄人物或动物常会使用85mm或200mm的望远镜头。

> **吉米小诀窍**　许多时候拍摄主题都是以人像为主，所以就衍生出了拍摄人像专用的人像镜头。通常因为这类的镜头光圈大，反差低，色调暖，散景柔，所拍人像的肤质会较粉嫩，也因为镜头距离远所以模特儿比较不会有压力。但是不要被局限了，人像镜头也可以拍一般的事物。一般人像镜头的焦距有85mm（适合全身）、105mm（适合七分身）、135mm（适合半身或特写）。常见的镜头有85mm F1.4、105mm F2与135mm F2。

1. 鱼眼（16mm以下）

鱼眼顾名思义就是类似鱼的眼睛所看到的世界，所以拍出来的照片呈现外扩的圆形，能拍出180°以上超宽广的视角，也因此特别具有戏剧性效果。之前风行一时的大头狗照片，就是利用鱼眼镜头拍出来的。通常原厂镜头附带原厂的后期处理软件会有鱼眼的变形校正功能。

2. 超广角（16mm-24mm）

通常这个焦段因为视角非常宽广，所以非常适合拍风景，常见的焦距有20mm与24mm。有一些非常有名的广角镜头，例如蔡司的20mm F2.8，将其最近对焦距离拉到了20cm，所以可以拍摄出主体透视感非常强的效果。但是这个焦段常会出现桶状变形的缺点（照片的主体往四角外凸而类似桶子般）。

▲ Tokina 12-24mm F4恒定光圈超广角变焦镜头

3. 广角（28mm-35mm）

一般较常见的广角焦段是28mm-35mm，这是非常好用的焦段。24mm虽然比28mm广了4mm的焦长，但28mm不太容易出现桶状变形，所以有许多人喜欢28mm胜于24mm。35mm刚好跟人类双眼视觉中注意到的主体中心差不多，所以拍摄效果跟双眼看到的几乎一样，可以获得真实感极强的画面。在APS-C画幅的单反相机中，35mm的等效焦距相当于50mm的标准镜头，所以特别受到欢迎。

4. 标准（40mm-60mm）

摄影新手建议从50mm的标准焦距开始学习，因为50mm刚好是一只眼睛看到的视觉广度（单眼视觉并不是只能看到这么广，而是只能够注意到的范围约略这么广，其余范围的成像都只能是散景）。

从40mm-60mm焦段开始学习，不会因为视角太广而杂物过多导致无法控制；也不会因为太远而切头切尾造成主题破碎的构图失败。另外，60mm也是短距离微距摄影喜欢采用的焦段。

▲ Nikkor 24-120mm F3.5-5.6 VR大变焦比镜头

5. 长焦（85mm-105mm）

长焦段除了方便拍摄人像，也适合拍花或拍小东西，而85mm是拍摄人像的常用焦段，非常适合拍全身的人像照。因为距离适中，比焦距除了不会给模特儿造成压力，空间压缩感也不会太强（空间压缩感在Chapter 02 "2-5景深控制与焦段压缩的重要性"中会详细说明）。另外，105mm是非常适合拍摄七分身人像的焦距，而高档微距镜头喜欢采用105mm，也是因为距离适中容易控制。

6. 望远（135mm-200mm）

从135mm开始就进入了望远焦段，望远焦段有个好处其压缩画面的能力特别强，方便排除环境中的不相干元素。但望远焦段会出现枕状变形（即主体出现由四周往中心压缩的枕头状变形）。

除了大光圈之外，望远焦段的景深也会变浅。一般来说135mm是拍摄半身人像或特写的焦距；而180mm则适用于超长距离的微距镜头；到200mm就是一般人手持镜头的极限，但其背景压缩感超强，背景会呈现梦幻的模糊散景，由于方便街拍，因此是很多人喜欢用的镜头。

▲ Nikkor DX 55-200mm 标准至望远变焦镜头

7.超望远（300mm以上）

通常进入了300mm以上焦段后，代表镜头的花费要进入一个高消费的境界。因为这些超望远焦段的镜头，大多是用来拍摄水鸟和其他容易受干扰的野生动物、比赛中的运动员，甚至用于天文摄影，所以质量都要非常好且口径非常大。带这类镜头出门很像背了一管大炮，因此其也被称为大炮，而拍摄鸟类也戏称为是拿大炮打鸟。

▲ Tamron 500mm F8 手动定焦折返镜头

吉米小诀窍　所谓的等效焦距，是因为数码相机感光元件大小的关系，而造成了真正拍摄下来的视角（可视范围）与传统胶片不同，如下表所示。

实际镜头焦距	传统135胶片焦距	APS-C 1.5倍焦距	4/3系统2倍焦距
18mm-50mm	18mm-50mm	27mm-75mm	36mm-100mm
28mm-70mm	28mm-70mm	42mm-105mm	56mm-140mm
70mm-210mm	70mm-210mm	105mm-315mm	140mm-420mm
18mm-200mm	18mm-200mm	27mm-300mm	36mm-400mm

最大光圈（镜头口径的大小）

第一次选购镜头最重要的另一件事就是选择光圈。一支镜头在不同场合的适用度除了受焦距影响外，光圈也是决定性的要素之一。光圈当然越大越好，一般定焦镜头通常会建议选择F1.8或更大，而变焦镜头最好选择包含F2.8的镜头。

▲ Topcon Topcor 58mm F1.4 AIS 手动大光圈定焦镜头

光圈越大，进光量就越多，也越容易在暗光场合利用自然光成功拍摄。另外，大光圈也方便手持拍摄。因为光圈大，快门速度就会快，所以就更容易成功而不因手抖而失败，也可以在正确曝光下拍到更高速的主体。一般进行体育摄影的记者，使用的镜头几乎都是大光圈镜头。

另外，大光圈镜头还有一种特性，就是可以在任何焦段自由自在地虚化背景（创造散景），以及利用大光圈散景去凸显主体的立体感，这也是许多摄影师喜欢买大光圈镜头的原因。除此之外，大光圈镜头在微缩光圈时，画质会变得非常优秀，例如一支最大光圈是F1.4的镜头，当缩小光圈到F2.8时，拍摄的成像质量绝对会比最大光圈是F2.8镜头的光圈为F2.8时好上几倍。所以大光圈的镜头除了散景功能以外，任何拍摄者都要善用第二个微缩光圈来提高画质。

近摄能力（放大比例）

最近拍摄距离是买镜头时最容易忽略的，很多副厂镜头都会标有Macro（有微距效果的镜头通常标的是Macro，但Nikon标的是Micro，其实这都是一样的）来提升该镜头的吸引力。但是通常有无标识不重要，重要的是必须知道该镜头的最大放大倍率，以及最近拍摄距离。

最大放大倍率通常会以比值的形式显示。例如1:1就是表示在某固定距离时，主体经过镜头的成像可以放大到跟原物同样大小的倍率，而1:3.就是可以将拍摄物放大到约为原物的1/3大小。另外，放大倍率与最近拍摄距离其实是有关联的，例如Nikon 50mm F1.8最近对焦距离在45mm左右，比起Nikon 35mm F2的25mm，在拍摄上的魅力就差很多，拍摄限制也多了。

通常如果要用广角拍风景，近摄能力几乎是没用的。但是如果利用有近拍功能的广角来拍摄花带景或人带景的场景，那种透视张力是非常迷人的。望远镜头如果用于拍摄人物或花卉等，镜头的近摄能力则可以凸显整个主体的重要性。当然如果很少拍这类题材的话，有近摄能力的镜头就无关紧要。

表现力

一般镜头的表现力，很多人常会只看一种称之为MTF的成像质量图表，这的确是一种具有参考价值的科学表示法。但是一支镜头的表现力或受欢迎程度，常常取决于MTF所测不出来的其他因素，如锐利度、成像畸变、镜头发色、虚化特色（散景）与抗眩光能力作为镜头选择的参考。

锐度

通常锐度就是以在合焦的景深范围内，物体成像清不清晰，物体边缘锐不锐利来决定的，这一部份MTF可以测出来。一般成像质量清晰锐利的镜头大多是商业摄影师才会使用，如果只是一般拍摄，大概不需要购买顶级的镜头。

另外，成像锐度与光圈也有关，好的镜头大光圈成像就很锐利了，而不好的镜头通常只要缩小光圈后，也可以大幅提高成像锐度。还有一种锐度的错觉，就是某些镜头会故意使成像呈高反差，造成加强边缘清晰度的假象。

成像畸变

　　所谓的成像畸变有两种，一种是桶状变形，通常容易发生在超广角与广角的焦段；另一种则称之为枕状变形，通常容易发生在望远与超望远焦段。通常这些光学障碍是无法避免的，但好的镜头可以将变形校正到比较轻微的程度，而不影响照片的整体观感，但是有些镜头会在校正后出现一种类似斗笠状的斗笠变形。选购镜头时，应尽量避免购买这些变形严重的镜头。

镜头发色

　　通常一支镜头的发色也会是衡量其质量的主要因素之一，大多数人喜欢偏暖（黄红色系）的镜头，因为拍起来会有幸福感，有些镜头（例如Sigma旧型的镜头）因为过于偏黄而选择的人少，但是新镜头几乎都已经改正这个偏差。另一种是偏冷（蓝色系），拍起来虽然没有幸福感，却有种不一样的时尚感，对于喜欢拍人像的拍摄者而言，这类发色偏冷的镜头并不太受欢迎。

焦外成像（散景）

　　一般而言，一支镜头的价值除了发色，通常值得关注的还有关于它的散景特色。有些散景会出现空间感，有些散景会出现油亮感，有些散景很柔顺，而有些散景会因为像差的关系而出现旋转现象。通常这些特殊散景效果的镜头会是争相收集的对象，但记得散景是否受欢迎会因人而异，有人喜欢杂乱，有人喜欢干净，重点是拍摄要强调的是主体，而不是一味地追求散景。

抗眩光能力

　　在正对光源附近拍摄的时候，常常会出现一些反射造成的光源鬼影，这就称为眩光。通常好的镜头会利用镀膜以及镜后组加工，让眩光完全消失。这些镀膜除了抗眩光以外，还会让成像变得很鲜艳。拥有这些镀膜的镜头通常很贵，例如有T*镀膜的蔡司镜头，只要有T*标识的镜头大多属于高价位产品。

镜头的选购规划与测试

　　购买镜头最重要的就是要符合自己的需要，如果真的不知道要买什么镜头，可以从标准焦段40mm-60mm开始购买，要便利性的就买变焦镜头，要画质的就买定焦镜头。如果经不住大光圈的诱惑，先尝试购买每一家都会有的50mm F1.8入门级大光圈定焦镜头，等技术成熟了，再依自己习惯的焦段延伸购买。

　　另外还有一种使用习惯的建议：通常比较大胆的拍摄者可以尝试买广角镜头，因为大胆所以常常喜欢用特别的视角去拍摄，也不怕与人接近，所以广角会是比较好的选择；比较害羞的拍摄者则适合购买望远焦段的镜头，因为天生就不太敢拿着镜头近距离地对人拍，望远镜头可以减少这些人在摄影起步时的困扰。

 再次提醒你购买镜头时，要记得以下五项要件：
1. 检查镜头内部，检查有无油膜或异物。
2. 检查镜头外部，检查是否有刮伤或螺丝松脱。
3. 检查配件是否齐全，是否包含保修卡。
4. 检查镜头有无跑焦现象，携带相机前往拍摄测试。
5. 请有经验的人一同前往。

1-4 镜头滤镜种类初解

通常镜头买来第一件事就是一定要另外购买滤镜，为了避免镜头的第一片镜片脏污或刮伤，能加上保护滤镜是最好的。而保护滤镜大多是购买可阻绝紫外线的UV滤

镜，因为这类滤镜对于色偏影响最小，又可以过滤紫外线让曝光更正确，但是DSLR的感光元件是感应不到紫外线的，因此有人会选择可以阻绝CCD、且能感应到红外线的IR滤镜。

▲ 不好的滤镜常会出现类似右上角的眩光现象，照片拍得再好都被破坏了

滤镜价格依照功能与制造厂角的不同而有所不同，目前一般人使用最顶级的大多以德系的B+W与Schneider为主，其实两家几乎是同一家公司，不过也因为这两家质量极优，不太容易造成色偏与眩光，所以价格一直是居高不下。

第二个选择是日系的Marumi DHG系列、Hoya Pro1D系列与Kenko Pro1D系列，最后才选其他便宜的品牌，或这些日系品牌中的低价滤镜。相机原厂厂商有些也有

生产滤镜，但因为价格太贵，很少人使用。另外，最近台湾地区出现一个自制的Dpowers品牌的滤镜，该品牌的滤镜是利用德国进口玻璃再加上十数层镀膜所制成。

▲ 不当使用滤镜反而容易破坏画面

吉米小诀窍
下面介绍各种滤镜的功能。

UV滤镜：可以防止紫外线进入，一般用来保护镜头。
CPL滤镜：可以利用特别的角度消除反光，让照片中的颜色更鲜艳，如让天空更蓝。
ND减光镜：在太阳下需减低快门速度时使用，通常会拿来做增加曝光时间。
渐层滤光镜：在明暗对比太高时可以让亮的地方变暗，例如拍摄黄昏时候的高反差场景。
星光滤镜：不需要缩光圈也可以随意拍出星芒的滤镜。

闪光灯初解与选购

通常会开始了解外接闪光灯信息时，也大概是相机内置的闪光灯不能满足拍摄需求的时候，而闪光灯种类又多到不胜可数，但也不是每种闪光灯都适合每一台相机，选择闪光灯可能会跟选择相机与镜头一样复杂。一般来说，闪光灯可以分成TTL型、AUTO半自动型，以及MANUAL手动型。

▲ Nikon最顶级闪光灯SB-910

吉米小诀窍 目前闪光灯这个配备是花最少钱，就可以买到最顶级的摄影器材，例如Nikon SB800或Canon 580EX-II等。很多人会第一次就买最顶级的，但这并不代表每个拍摄者都要一次备齐。喜欢自然光拍摄，或是很少需要拍条件严苛的场景的一般用户，几乎可以不用买。目前DLSR内置的机顶闪灯也都有支持TTL型，一般使用其实已足够了。

TTL型

一般来说有支持TTL模式的闪光灯，可以视为是智能型的闪光灯。每家厂商都有各自支持自己特殊模式的TTL闪光模式，例如Nikon的i-TTL或Canon的E-TTL。虽然名称有点不同，但TTL的模式都是大同小异。

◀ 闪光灯不是万能的，如果用错也会出现适得其反效果。上图不补光看起来有种室内的气氛，非常自然；而下图一补光，虽然吊牌变清楚了，但却因为它的高亮度而破坏了整个场景的气氛

也就是说，支持TTL模式的闪光灯会利用相机与镜头传回的光圈值、快门值，以及一些特殊的数值，自动调整曝光参数而自动闪光。这种几乎不用调整的模式，对于新手或在赶拍时非常有用，但是通常价格不菲，而且不同品牌之间的闪光灯互不兼容，甚至不能使用。

吉米小诀窍 TTL（Through The Lens）是指利用光线经过镜头，再由机身内的测光器来测光，最后再将数据传送给闪光灯做判断。这样的闪光灯通常都比较准确而且比较智能，但前提是相机测光要够准确，不然相机测错时闪光灯也跟着补错光。

AUTO半自动型

这一类型的闪光灯并非经由相机来传达曝光信息，而是在闪光灯本身前方就有独立的接收器，并且用来控制对主体的补光程度。但是这类的闪光灯并非可以准确测光，所以使用上并不像TTL型闪光灯一样准确且快速，要求有一定的经验与曝光知识。其优点就是价格便宜而且兼容性高，如果经济上不允许，又需要有自动功能的闪光灯，AUTO半自动型是不错的选择。

MANUAL手动型

MANUAL手动型闪光灯完全没有自动功能，但是价格却相对的非常便宜，但对于新手来说，是门槛非常高的闪光灯。一般这类型的闪光灯大多只能调整闪光功率，例如全亮、1/2亮或1/128亮等。对于GN值不熟或控光没经验的人，是不太建议使用这类型的闪光灯，但是如果想要在补光技巧上熟练的话，这类型的闪光灯倒是不错的选择。

▲ 闪光灯不是只有晚上或是阴暗的地方才可以用。在左图中，大白天因为太阳太亮，以致于屋檐下完全看不清楚屋顶的花纹；而右图利用TTL型闪光灯做暗部补光，整个屋檐下的花纹就出现了，而且自然不突兀

吉米小诀窍　通常有些闪光灯的发光构件可以往上下（俗称跳灯）或左右调整（俗称摆头），建议可以购买有这类设计的闪光灯，因为这些设计可以让拍出来的物体更自然，如果善用的话，不管是拍人或是拍物，都可以增加质感与立体感。

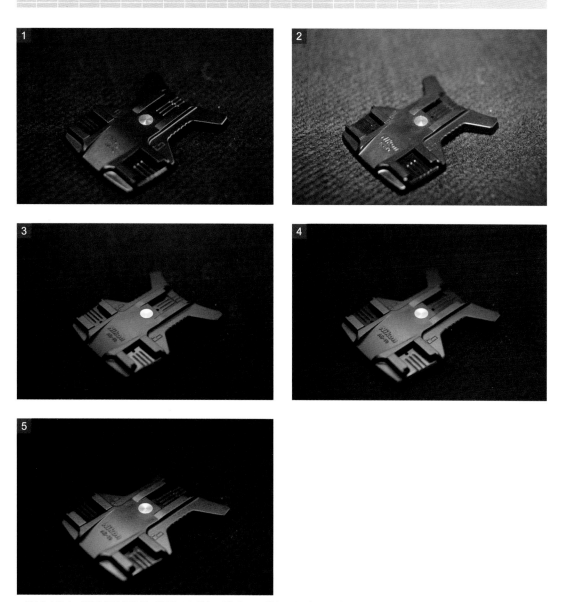

▲ 图1为自然光、图2为闪光灯直射、图3为45°跳灯、图4为60°跳灯、图5为70°跳灯

Chapter 02

摄影入门基本概念——新手知识一个都不能少

| 2-1 | 适当的快门：快门与速度

开始接触摄影时，第一个接触的一定是快门（Shutter），相机可以没有光圈但是不能没有快门。除了光圈之外，快门是摄影入门的第一道关卡。其实快门没有想象中的咬文嚼字与难以理解，简单来解释，快门就是镜头与相机之间的一道门（快门帘，Shutter），拍摄时可以决定这道门开关的速度，利用快门帘的开启时间控制光的进入量就叫作快门。

DSLR纵向快门帘的运作方式：蓝色的区块表示快门帘，假设快门是1/125秒，按下快门按键后，从前快门帘完全开启，到后快门帘跟着完全关闭，这样一整个曝光时间刚好是1/125秒。

吉米小诀窍　一般来说，相机越高档，最高快门的速度就越快，适合拍摄的环境就越广。例如，入门机最快的快门速度大多只在1/4000秒，中档以上的机型可以高达1/8000秒以上，甚至会有1/16000秒以上的快门速度。一般单反相机使用的是纵向式快门，而许多RF或傻瓜胶片相机使用的是镜间快门。

快门控制就是决定照片（感光元件）的曝光时间，以控制照片的亮度。也就是说当光源太亮时，就要让快门开关快一点，减少光进入的量，避免照片拍出来太亮（曝光过度，Over-exposure，简称过曝）；当光源太暗时，就要让快门开关时间慢一点，增加光进入的量，以避免照片太暗（曝光不足，Under-exposure，简称欠曝）。

▲ 左图是快门速度太慢导致画面过曝（Over-exposure），亮的地方全白而完全没有任何细节；中图是曝光刚刚好，整个画面看起来最舒服；右图则是快门速度太快而导致画面曝光不足（Under-exposure），暗的地方很多细节已经看不清楚了

通常快门的标识中，1000代表1/1000秒，而3"则代表3秒。白天时的快门都是以几百分之一秒与几千分之一秒来做开关的；相反的，夜晚时快门会以几秒甚至十几秒的时间来做开关。所谓的B快门，就是快门的开启与关闭都是由拍摄者手动来决定，按下快门按钮可开启快门，再按下快门按钮可关闭快门，因此使用B快门拍摄，需要拍摄者非常有经验。

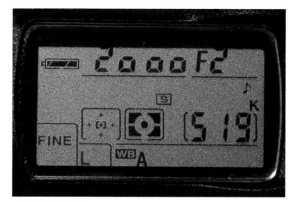

▲ 单反相机中的信息显示屏幕，通常都会显示使用的快门速度，图中的数字2000代表目前的快门速度是1/2000秒

快门通常是决定照片成功与失败的最大因素，快门速度太慢会容易因为相机抖动（俗称的手抖）而让照片模糊，或是整张照片变黑变暗。而快门速度太快，在某些使用电子快门的数码相机拍摄时，容易在很亮的区域出现不规则的过曝（俗称的高光溢出），而且过亮的区域也会变成很不舒服而（俗称"死白"现象）。

吉米小诀窍 拍摄时，常会因为快门速度过慢加上身体的晃动，而造成手抖的失败照片。在某些快门速度下，一般人拍摄成功率较高，可称之为安全快门。安全快门并非一成不变，而是与焦距有关，越是广角则安全快门时间可以越慢，越是望远则安全快门时间要越快。简单的算法是焦距的两倍的倒数。例如，使用50mm焦距镜头的安全快门时间就是1/100秒以上，若是使用200mm焦距的镜头则在1/400秒以上。

当然快门的功能并不限于此，如果可以善用快门特性（快门优先），就可以拍出很多特殊效果的照片，也就是说，凡与速度有关的场景就跟快门有关。以下举例说明：

溪曝 低速快门长曝

Nikon D50、Sigma18-50mmF2.8 Macro、Marumi ND8减光镜、22mm、F22、2秒、ISO200、EV-3、光圈优先、矩阵测光

一般瀑布适合在晨昏拍摄，但这张桃山瀑布是在正午拍摄的，降低快门速度并必须使用8倍的减光镜，以及将光圈缩到最小

时间凝结 高速快门闪光同步

Nikon D50、Sigma 18-50mm F2.8
Macro、50mm、F28、1/500秒、
ISO200、EV0、光圈优先、矩阵测光

Nikon D50属于入门机型，所以不支持FP
高速同步闪光，但是将其转到M模式，则
是开启1/500秒同步闪光的秘诀，拍出时间
凝结效果不难，重点是快门速度要够快，
光线要够亮，并且时间点要抓得刚刚好

星曝 B快门长曝

Fujifilm GA645（120中画幅傻瓜相
机）、Fujifilm RDPIII 100F胶片

●独妹 · szchuen

曝星轨说难不难，说简单又会难倒不少
人，通常要知道北极星的定点位置，曝出
来的星轨才会够漂亮。而作者独妹这张使
用轻便型的120画幅傻瓜相机随机就曝出来
的星轨，对于曝光的认知绝对需要深刻功
力（一般因为数码相机感光元件热噪点与
电池限制的关系，曝星轨使用胶片相机比
较容易成功）

动态摄影 适当快门速度加动态追焦

Nikon D80、Nikkor 55-200mm F4-5.6 VR、75mm、F16、1/90秒、ISO400、EV0、光圈优先、矩阵测光

● 苏品翰 · JackySu

动态摄影在高速摄影里面是比较需要技巧功力的，快门速度要拿捏得当，手持握相机的稳定度与环境的了解都必须要下功夫。作者JackySu于台南安定赛车场拍摄的照片，即属于快门速度与追焦的活用

残像摄影 低速快门加中途变焦

Nikon D50、Sigma 18-50mm F2.8 Macro、50mm变18mm、F2.8、1/20秒、ISO 200、EV0、光圈优先、矩阵测光

低速快门有很多可以利用的创意，因为照片只能记录静止的空间，无法记录动态的时间，所以很多拍摄者会利用低速快门容易拍摄出遗留残像的特性，来模仿时间流逝的动态效果

光圈的技巧：光圈与景深

　　与快门一样，光圈（Aperture）也是摄影新手必须学会控制的两大相机部件之一，但光圈的原理相较于快门的原理却更难理解，也更难控制。通常一张非常迷人的照片中，成功的首要因素就是拍摄者对于光圈控制的恰到好处。但如果从物理学的角度来说明光圈与光轴、焦点、成像距离以及景深之间的关系，大概新手就不想学摄影了。

　　简单来说，如果快门可以控制开关门帘的速度，那光圈就可以控制这个门帘能开启的大小。在相同的亮度下，当光圈开很大时，短时间内就可以进入很多的光；而当光圈开很小时，则必须开较久的时间才能达到相同的亮度。光圈的大小通常是以F值来表示，数字越小代表光圈越大，例如F1.4和F5.6，前者就比后者光圈大。

光圈F1.4

光圈F4

　　如上图中，光圈就很像一扇门一样，跟快门不同的是，快门是控制这一扇门开启的时间，来决定光进入的数量；而光圈则可以控制这一扇门开启的大小，进而控制光进入的数量，最终的结果都是控制曝光的程度。左图是光圈F1.4，右图是光圈F4，镜头的正中央可以明显看出光圈开启的大小，以及光圈叶片的形状。

吉米小诀窍　光圈的计算公式：

　　光圈F值=光圈口径大小的直径／焦距（例如50mm焦距的镜头，如果口径可以设计到50mm的直径大小，那光圈值就是F1.0），所以当然会有小于F1.0的镜头，例如Canon或Leica的50mm F0.95的经典镜头。

　　当光圈与快门配合使用后，会发现大光圈的好处就是可以短时间内让相机进入大量的光，也就是快门可以很快就关闭。当你在夜晚或亮度不足的环境拍摄时，可以利用大光圈缩短快门开关的时间，以避免曝光时间太长而造成的晃动。

► 一般随机购买的套机镜头的光圈都很小，通常都会从F3.5起。在光线不足的时候就算使用高感光度，一样很容易因为快门速度不够快，而造成如图中的现象，不仅残像多，而且也容易因为拍摄者不够稳定而造成晃动

吉米小诀窍

拍摄者通常很少注意到，缩光圈之后光进入的量减少了多少，以及快门会减慢多少来配合。其实光圈是有级数的，通常小一级光圈则进光量减少一半，称之为一个正级数。所以，如果是F2就比F1.4多了一半的光。常见的F1.8其实不是正级数，而是介于F1.4与F2之间的一半级数的光圈（称副级数）。

正级数光圈进光量比例										
光圈	F1	F1.4	F2	F2.8	F4	F5.6	F8	F11	F16	F22	F32
进光量	1	1/2	1/4	1/8	1/16	1/32	1/64	1/128	1/256	1/512	1/1024

光圈不仅仅控制光进入的数量，也可控制景深（可以看清楚物体的范围），所以光圈的控制比快门复杂一点。很多拍摄者喜欢使用大光圈镜头（使用光圈优先模式，即A模式、Tv模式），因为大光圈会产生散景（焦外成像，Bokeh），这是一种凸显主体的拍摄手法，借由大光圈而使主体外的物体模糊而造成主题明显。光圈越大可以清楚成像的范围就越小，也就是可以清楚的合焦对象就会越少。

◄ 利用大光圈以及让拍摄主体离背景很远，可简单制造出这种令人觉得相当梦幻的非现实感照片，这也是为什么很多拍摄者喜欢大光圈镜头的原因但大光圈也不是完全没有缺点，光圈过大容易造成主体不明显、拍摄对象不够锐利而有点模糊，以及高亮部出现光晕紫边等缺陷。所以通常对于拍摄风景、长时间曝光、要求清晰锐利度与降低快门速度时，拍摄者会把光圈缩小。而光圈与景深的关系是：光圈越大，景深（主体清晰的范围）越浅，光圈越小，景深越深。

Nikon D200、Tokina 80-200mm F2.8、ISO200、EV+0、光圈优先、中央重点测光
●Isaac Lin
▲ 从这三幅连续照片就可以清楚地理解光圈大小所造成的景深现象。第一张F2.8光圈拍摄的，会发现连车子都没有整台纳入景深范围；第二张F8拍摄的照片则可以看到第一颗球几乎清楚呈现；第三张F32拍摄的照片则是整排球几乎都清楚了

吉米小诀窍 在光圈使用过程中有两个小秘技，很多拍摄者会利用缩小光圈达到两个效果：一个是利用缩小光圈来提升画质，通常在微距摄影或风景摄影的时候会用F8至F16；另一个则是夜拍时对点光源的处理，如果让光圈缩小到F16以下时，会出现星芒状的光源效果。但是要注意一点，并非可以无限制缩光圈，当光圈缩太小时，会出现绕射现象反而让画质下降。

这张夜拍照是缩小光圈到F22（小于F16）时拍摄的，可以看见背景后面高速公路上的灯全部出现了星芒。一般缩小光圈拍星芒是要利用脚架固定相机，要像照片中手持夜拍缩小光圈时，拍摄者本身稳定度必须很高。此照片因为镜头叶片关系，星芒不是很漂亮；星芒的形状与光圈叶片的设计有关，这也是选镜头的依据之一。

目前一般俗称的大光圈镜头，大多是指光圈F2.8以上的镜头，例如F2.8、F2.0、F1.8或F1.4等等。定焦镜头一般光圈大于F1.4，或变焦镜头大于F2.8的镜头大都属于高档镜头。因为大光圈可以增加拍摄的机会，以及创造所谓可以凸显主体的散景，这些大光圈镜头都非常昂贵，但除了各个厂商平价的入门标准大光圈定焦镜头50mm F1.8以外。

▲ 目前很多新的镜头都是由机身来调整光圈大小，例如Nikon的G镜。镜头上看不到任何光圈数字的标识，反而是比较传统的镜头才会有。图中这款Topcor 58mm F1.4镜头中，最下面那一环标有1.4的那个环是手动光圈环，而1.4正上方红点那一环为每一个光圈景深的范围标识

正确的曝光：曝光与控光

　　一张照片能拍摄成功最重要的就是曝光正确，虽然数字时代可以利用预拍来决定下一张曝光量的调整，但是如果对于正确曝光的拿捏准确的话，对于难以重现的景象来说，就增加了更多成功的机会。何谓正确的曝光呢？这得因环境的因素而定，并没有一定的准则，但记得一件事：黑的纯黑，白的纯白，这是要学会控制的。

Nikon D50、Sigma 18-50mm F2.8 Macro、50mm、F2.8、1/1600秒、ISO200、EV-0.7、光圈优先、矩阵测光

◎ 高雄市电影图书馆

▲ 所谓的正确曝光，并没有一定的标准，也不一定主体够亮就可以，必须依所搭配的背景来抉择。例如左图，对天空自动测光一定会拍出灰灰过亮的天空，如果能像右图一样降几档EV，就算不加装CPL（环形偏光镜）也可以拍出这样的蓝天白云

吉米小诀窍　习惯拍黑白照片的人一定知道，不同肤色、性别人的皮肤的反光率也会不一样。例如黄种人女生皮肤的反光率约28%、黄种人男生皮肤的反光率约25%，而白种人皮肤的反光率约为30%，黑种人皮肤的反光率就更低了。所以在同一光源的照度之下，曝光宽容度低的相机，不但要精确考虑正确曝光的问题，还得考虑拍摄对象反光率。

就胶片而言，每卷胶片都有一个固定的ISO值（有的胶片标识为DIN或ASA），ISO值可以视为感光度，ISO值越小感光度越低，正确曝光时间就越长，例如同一环境下使用ISO100来正确曝光，就比ISO200多一倍的时间。

高ISO虽然让拍摄更容易成功，但却有几个缺点：就是颗粒大、画质粗且颜色不鲜艳。就数码单反而言，ISO值也是同样的意义，只是数码相机跟胶片不一样的是，每一张照片都可以个别调整所需的ISO，当然数码相机使用高ISO值时，照片就会有大量噪点。

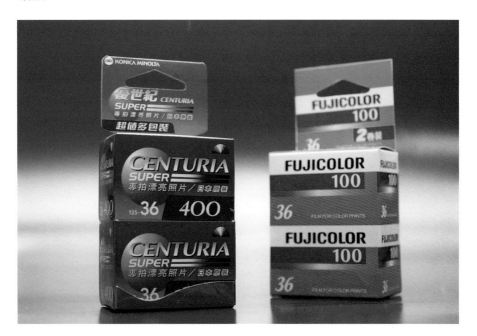

上图中就是传统胶片中所标识的ISO值，左边的Konica Minolta Centuria是ISO 400，而右边的FujiFilm Superia是ISO 100，也就是说左边的胶片比右边的胶片更适合在暗光场景中使用。数码相机的ISO值的意义也是一样，ISO越高则感光度越强，快门速度就可以更快，但是画面中的噪点也会大量增加，所以一般非不得已，数码相机大多使用最低ISO来拍摄。

依照数码摄影的色阶曲线图简单来说，狭义的正确曝光可以说是亮的区域（亮部细节）与暗的区域（暗部细节）的平衡，也就是曲线是一个正中央的山型图（一般数码照片的后期处理会利用这个作为调整的标准）。

所谓的正确曝光，取决于拍摄者要表达什么，因为受曝光宽容度的限制，有时候还是要牺牲细节。

但是广义的正确曝光，却可视为拍摄者过曝或曝光不足的技巧运用。在胶片拍摄者流行一句话：负片Over过曝、正片Under欠曝，其实如果转换到数码摄影思考就是：拍人Over、拍景Under。简单来说就是拍人时过曝一点点可以让人比较白，拍景曝光不足一点点可以让颜色较鲜艳。所以如果已经使用DSLR一段时间了，请记得开始学习善用EV值的增减或是M模式，来增加更多不同的曝光情境。

▲ Nikon D50、Sigma 18-50mm F2.8 Macro、18mm、F2.8、SB800补光1/60秒与1/13秒、ISO200、EV-0.3、光圈优先、矩阵测光

在曝光正确上，许多人会使用闪光灯作为辅助，但重点是闪光灯不是万能的，使用错误是会破坏整体气氛的。上图是希望借由食物去引导整个聚会的气氛，左图因为闪光灯补光让蔬果曝光正确了，可是却让整个背景的聚会气氛消失了；而右图不开闪光灯使用整体平均测光，所以整个背景与蔬果连结起来了，营造出一种有吃有玩的聚会气氛。

所以数码相机的感光度、快门和光圈的运用就是最需要学习的入门技了，这当然不是一蹴而就的，但有几个可以立即上手的入门技术：例如拍摄高速运动的物体，因为物体移动太快必须使用高速快门，就可以利用ISO、大光圈来提高快门的速度；如果是要拍摄静物，因为没有速度而与快门无关，但却需要立体感以及纯净的画质，就可以利用低ISO值与缩小光圈来提高拍摄品质。

吉米小诀窍　用于数码照片后期处理的软件大概都可以开启如图所示的色阶分布图，这个图就是最理想的正确曝光，最右边变成死白的亮部细节几乎没有，左边的全黑的暗部细节也几乎没有，整个颜色都常态分布在中间的平均区域。决定明暗部的多少还有曝光宽容度或动态范围（Dynamic Range），也就是当正确曝光时，某些区域超过亮部上限就过曝完全死白，低于暗部下限就完全死黑。

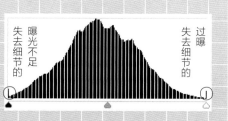

传统相机的曝光宽容度决定于胶片，正片约是4（+2与-2），负片是6（+3与-3），而数码相机则决定于感光元件的技术，一般DSLR约在5左右（+2.5与-2.5），约在正负片之间。

| 2-4 | 白平衡与照片呈色

　　虽然人眼有自动白平衡的机制，但其实在正常的世界中没有所谓的白平衡（White Balance，WB），当然胶片也没有。可是数码相机却有一个白平衡功能需要设定，很多人对于白平衡一知半解，也不知道白平衡怎么用，我们会听到如某某品牌的白平衡不准这样的抱怨，可是事实上没调过白平衡照样也能拍出牛片。

Canon 5D、Canon 35mm F1.4L、F1.4、ISO100、EV+0.3、光圈优先、中央重点测光

▲ 左图白平衡出现错误，也就是说相机误判光源为偏黄偏暖，所以将颜色错误校正为偏蓝偏冷，而出现异常的颜色现象，这就是因为白平衡误判而出了问题；右图使用了Silkpix后期处理软件对人的肤色作白平衡校正，自动计算后自行恢复了正常的白平衡

吉米小诀窍　如果要定义真正白平衡，就是要找出何谓真正的白色，以感光材料来定义的话，所有感光材料的白色，大多是以太阳光可见光全波段光谱（400mm-700mm）所混合得到的颜色。要校正白平衡，可以利用简单地利用8%中性灰色卡，将其挡在镜头前，启动自定义白平衡即可。

　　的确，一般相机预设都是自动白平衡模式，所以数码相机不调整白平衡其实影响不会太大，但如果要求被拍摄物体的颜色正确，那白平衡在数码摄影时代就很重要了。其实白平衡这个名词太过于学术化，所以很多人不太清楚其意义，用很简单的方式来说，白平衡是用来调整照片中纯白色的真正呈色，也可以说白平衡是数码摄影时代无中生有的新烦恼。

▶ 很多室内的光源演色性很差，或是相机的自定义白平衡系统不够智能，就会出现拍摄场景偏暖（黄）或是偏冷（蓝）。上图则是因为白平衡误判而导致整个照片偏黄，如果可以事先用白平衡滤镜、相机用校正色卡或手动白平衡校正，则颜色就会恢复如下图的正常颜色。（有些拍摄者不会事先校正白平衡，而是事后利用后期处理软件来做白平衡的微调来恢复正常颜色）

　　在黄色光源下拍摄照片时，如果去拍摄白墙，一定拍成黄色的，因为光源就是黄的，想拍出标准的白墙也不太可能，但是白平衡就可以做到把墙变回白色，也就是使用自定义白平衡功能，让相机拍出来的照片通通偏紫（因为黄色的对比色是紫色），所以白墙就会被校正回白色了（跟眼睛看的现场颜色是不同的）。不过在胶片的世界是没有校正平衡这件事，光源是什么颜色，感光后的胶片就呈现什么颜色。

Nikon D50、Topcon Topcor 58mm F1.4、F1.4、1/100秒、ISO200、EV-3、光圈优先、矩阵测光
（手动镜加装AF自动对焦机构）

▲ 左图中，这种演色力很差的黄色街灯，功能再怎么强的相机拍出来一样是黄澄澄的一片；右图利用了俗称晶晶板的
AmigoExpo白平衡滤镜进行校正，整个光源完全校正回来，虽然光源边缘有点偏蓝，但是拍摄场景却校正成可以接
受的颜色

　　也就因为这样，许多拍摄者开始找寻可以轻易调整白平衡的滤镜，当然有许多著
名摄影器材公司生产的白平衡校正滤镜可以使用，但价格与效果却难以取得一个平衡。
这个时候一些DIY的高手出现了，自制牛奶罐白平衡或晶晶板简易白平衡滤镜也就应运
而生了。

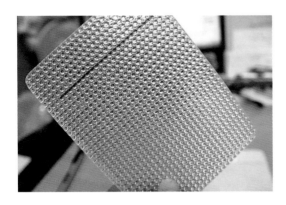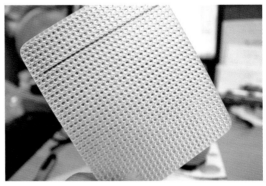

　　上图就是两种不同材质（俗称晶晶板）的白平衡滤镜，左边的晶晶板会校正效果
比较明显，右边的晶晶板因为本身就偏白所以校正效果不明显。上面画有一条蓝线，会
让颜色校正的时候稍微偏暖，拍景时使用无蓝线部分，拍人时使用有蓝线部分校正，如
此就不至于拍出青色肤色的人脸。

景深控制与焦段压缩的重要性

很多人放弃DC（消费级数码相机）而进入数码单反相机的世界，都只是为了一个共同的原因：焦外成像（俗称散景，Bokeh）。但对于成熟的拍摄者而言，散景很重要却不是必然的。

对于初入摄影领域的新手而言，散景是决定一张照片好不好看的主要因素。似乎照片只要散景效果够梦幻，就感觉技术似乎已经提升到一定的境界了，所以常不明究里地为了散景，而在俗称镜皇的高价大光圈镜头中难以抉择。（DC不容易营造散景与其画幅有关，在4-2节将会有详细介绍。）

Nikon F70、Topcon Topcor 58mm F1.4、F1.4、1/1600秒、Konica Minolta Centuria100、ISO 200、EV-0.7、光圈优先、矩阵测光

🔍 台北大安森林公园

▲ 这张照片虽然是使用F1.4的最大光圈拍摄的，但是主体想要呈现的则是该镜头的特色，散景会类似水彩般的散开，因为主题是水彩式的人生，善用大光圈及镜头特色，可以在模糊的成像中，找到拍摄者想要表达的意境

Nikon F70、Topcon Topcor 58mm F1.4、F1.4、1/1600秒、Konica Minolta Centuria100、ISO 200、EV-0.7、光圈优先、矩阵测光

🔍 台北信义区公园

▶ 很多拍摄者习惯全程用最大光圈来拍摄散景，却遗忘了散景还有另一个特色，微缩光圈与视角的控制，可以营造出来的层次感。就如同利用不同层次的主体与微缩光圈造成些微锐利的散景，可以凸显物体的层次感

其实迷恋散景也不是完全没有好处的，散景运用得好，除了可以凸显主体以外，还可以利用散景来增加主体的立体感。而散景也像是开篇所说的善用摄影的减法一样，可以将复杂的环境简单化，进而凸显所要表达的主体，但前提就是要会控制散景。要巧妙运用散景，就要先了解散景的特性，新手总以为散景效果只有大光圈镜头才可以拍摄出来，但这完全是不正确的概念。

镜头对焦（合焦）后，清楚的部分会有一定深度范围，也就是所谓的景深（Depth of field），景深的意义就是正中焦点前后可以清晰的区域（清晰以外的模糊物体就是散景）。

Panasonic GF1、Lumix 20mm F1.7、F2.0、ISO100、光圈优先、平均测光

⚲ 台北象山入口

▲ 很多人玩单反相机都是为了拍摄散景效果，散景除了可以快速避开背景的复杂元素外，其实还可以凸显主体的立体感。但优先条件就是要熟悉景深范围，以及主体与背景的距离拿捏，如果运用得当，对于主体的立体感成像是很有帮助的

Canon 5D、Schneider Cine-Xenon 100mm F2.0、F4.0、ISO1600、光圈优先、中央重点测光

⚲ 台北信义区

◄ 景深（散景）的控制，除了光圈大小的影响外，主体与背景的距离也是一个很重要的因素，这张照片使用100mm的焦距拍摄，但光圈已经缩到F4.0了，可是背景还是整个被虚化，这就是因为主体与背景还有一段距离，如果拍摄者可以熟悉每个焦距中的主体与背景的距离，不仅可以得到漂亮的虚化散景效果，还可以让主体溶于环境当中。这张凸显灯笼主体的另一个手法，是除了它在清楚的焦内之外，也是整个画面中最亮的的视觉重心

焦距：80mm	光圈与景深	焦距：200mm	光圈与景深
	F2.8，与200mm的焦距比起来，虽然F2.8是大光圈，却没像200mm的超浅景深		F2.8，在焦距为200mm时的景深可以看出来，望远焦段能造成更浅的景深
	F8，在80mm的焦距上，F8已经算是景深相当深的光圈了		F8，在200mm焦距，虽然光圈都已缩到F8，但却依然可见浅景深
	F32，开到F32的光圈加上焦距较近，所以景深已经完全涵盖四个球体了		F32，虽然与焦距为80mm同样是F32，却还是有些模糊的焦外成像

吉米小诀窍　画面中的火车轮框，其实在现场是不多的，但是因为主题需要凸显整个废弃轮框场合的拥挤效果，所以利用长焦距来拍这个场景，因为长焦距的镜头通常会有压缩效果，画面仅仅出现前面的三个轮框主体，以及后面的几个堆叠的轮框，就会让观者以为这个场所充满了满满的废弃轮框，其实在现场只是一个小小的角落而已。

▲ Canon 5D、Kinoptik 100mm F2.0、F2.8、ISO100、EV+0.3、光圈优先、平均测光

但一味的只要求景深要浅的摄影方法，会失去很多摄影的乐趣。光圈之所以要设计成可以张缩的形式，就是因为有不同的拍摄乐趣。其实大家喜欢大光圈散景效果，大多是因为目前大家都喜欢拍模特儿，又想要照片可以讨好大众，从而造成了一些对摄影的误解。大光圈只是要增加可拍摄环境，以及让拍摄者有更多创意可以实现，但是缩小光圈拍摄出动人的照片的情况是高手才做得到的，因为这是利用创意来取代焦外成像的梦幻效果。

其实在广角焦段有一种泛焦的拍摄手法。泛焦就是让某一段空间内，完全不用对焦就可以在清楚的合焦范围内。通常这在街拍上很好用，街拍时因为行人的拒绝或是害怕，常常很难拍到满意的照片。所以会有些人使用广角而且把光圈开到F8以下，因为广角本来景深就深，又加上缩小光圈，几乎看得到的地方都在合焦范围内，就可以把相机直接放腰部，不用看取景器直接拍摄，只要注意水平，通常都能拍出清晰满意的照片。

Sony NEX-3、Sony E 16mm F2.8、F8.0、ISO100、光圈优先、平均测光

◎ 高雄捷运

▲ 这种环境下，如果直接拿起相机来瞄准人，既拍不出什么好照片，对于被拍摄者也很不礼貌，所以使用广角焦段加上F8的泛焦拍法，只要注意水平线，将相机放在脚上，不用看取景器也能很轻易拍出像这样的街拍摄片

吉米小诀窍 在光圈控制方面，通常大家会把缩小光圈跟锐利与星芒划上等号，这是没错的。但是毫无限制的缩小光圈，会出现一种光学上的针孔绕射现象，这里不讨论，重点是光圈缩太小，反而会出现亮区干扰光线，反而拍出更模糊的照片，所以尽量不要以类似比F20或F30小的光圈来拍摄。

色彩管理与光影构图的魔力

明暗与色彩的巧妙搭配

进入了数码摄影的时代，因为不再需要浪费胶片来练习测光，很多学习摄影的人开始忘记了测光技巧的重要性，认为拍错了重来拍一次就好。用类似乱枪打鸟的方式，多拍几张照片选择来规避熟悉测光技巧的经验累积。

Canon 5D、Dallmeyer SuperSix 76mm F1.9、F2.8、ISO100、EV+0.7、光圈优先、平均测光

◉ 台北象山

◀ 左图中的照片就是最容易让数码测光系统误判的场景，逆光又加上反差太大，如果太依赖自动测光就很容易因为逆光的位置太亮，而测光错误导致拍出曝光不足的过暗照片。这张照片利用+0.7的EV值，让照片恢复该有的亮度，虽然最亮的区域完全过曝也没关系，因为重点是在左下角的蕨叶上，另外因为整张照片都是偏黄的暖色系，故意利用该老镜头会眩光的缺点转成视觉重心，利用蓝色冷色系的眩光点去反差对比整个环境，凸显另一个视觉重心

吉米小诀窍 在曝光宽容度范围内，在以不牺牲细节为前提，EV调高0.3-1档拍人会使人物较为白晰，EV调低0.3-1档拍景会使景色可以较为鲜艳。

在摄影里，颜色这个元素纵然主观，但却常常是一种创意的表现方式。在数码摄影中，每一个品牌的相机，甚至同品牌的不同型号的相机都会有不同的发色。而数码摄影让新手最无法抗拒的也就是后期处理了，即使拍摄的不满意，至少在有限的条件内，可以调整回现场的颜色并进行适当的剪裁。

Olympus E-300、Topcon Topcor
58mm F1.4、58mm、F2.8、1/320秒、
ISO100、EV-0.3、光圈优先、矩阵测光

📍 台北信义区公园

▶ 在DSLR中，Olympus以拍摄的照片最接近
正片颜色，以及不用后期处理而著名。最有名
的就是采用Kodak CCD的E-1，而与E-1发色
几乎相同的E-300拍出来的颜色，就像左图一
样，不用后期处理就如此鲜艳。在DSLR的时
代选择相机品牌就好像选择了不同品牌的胶片
一样

Nikon D50、Tokina 12-24mm F4、22mm、F8、1/640秒、ISO200、EV-0.7、光圈优先、矩阵测光

📍 南投清境农场

▲ 在数码单反相机中，Nikon向来以图象锐利著名，而锐利又对拍摄风景最有利。图中的照片虽然不像Olympus所拍
照片一样鲜艳，但是有非常清晰锐利的场景，这也很像胶片时代时在选择哪种胶片的发色和成像一样，选了就不能更
改的

吉米小诀窍 在众多拍摄者的客观意见中，许多人认为Canon适合拍人（白皙）、Nikon
适合拍景（锐利）、Olympus发色鲜艳（蓝绿鲜艳）、Pentax发色特殊（发色有味道）、
Leica有空气感（M立体、R锐利）、Zeiss有奶油味（散景柔美）。

　　资深拍摄者常会有些效果令人极其震撼的照片，这些照片无关景深、镜头发色与摄影技巧，但是却足以让人端详许久。其实就生物学的角度而言，人类的眼睛有两种特点：其一就是喜欢高反差的鲜艳色彩；其二就是第一眼印象容易被高亮区所吸引。

　　人眼喜欢的两种特点中，第一点是新手最喜欢营造的气氛：色彩艳丽的照片；而第二点却是资深拍摄者所喜欢掌控的元素：光影明暗的构成。通常高亮区容易吸引人的注意力，所以尽量安排让主体以外没有高亮部的存在，否则这个亮部会干扰拍摄主体所要凸显的主题。

Nikon D50、Sigma 24-135mm F2.8-4.5、135mm、F16、1/500秒、ISO200、EV0、光圈优先、矩阵测光

◎ 台北擎天岗

▲ 当你看这张照片时，第一眼一定会注意到那把雨伞，这张照片刚好利用了人眼的第二个特点：会被高亮区所吸引。图中也将雨伞的位置放于黄金交叉构图点，以及利用对角线构图法，来配置整片草地的走向

Nikon D50、Sigma 18-50mm F2.8 Macro、50mm、F2.8、1/1600秒、ISO800、EV0、光圈优先、矩阵测光

◎ 苗栗大湖草莓园游客中心

◀ 照片中模特儿的表情是完美的，姿势也没有任何不妥，但是在背景色彩管理上出了问题。第一，左上角出现了高亮区，总会让视觉焦点不由自主的被吸引过去而觉得照片不太平衡；另一个是背后散景中的人，因为也穿了属于比较亮色系的服装，也造成了整张照片在主题色彩配置上的混乱局面，纵使模特儿的表现是一百分，还是会觉得照片因过于混乱而失去了照片构图上的平衡

鲜艳的色彩固然可以让人一眼就喜欢上你的照片，但是就如同重口味的菜一样，吃久了也会腻。但是对于准确把握光影的构成这就需要经验的累积了，而通常这些令人意犹未尽的摄影题材都存在于一般人不会注意到的小角落，甚至存在于你日常生活的环境里，只不过你不会注意到，一旦你注意到时，就是一幅令人无法抗拒的牛片了。

Nikon D50、Sigma 18-50mm F2.8 Macro、50mm、F2.8、1/640秒、ISO200、EV0、光圈优先、矩阵测光

▲ 这张照片非常平凡，却有种吸引人想要看更多的感觉，它使用了稳定的构图点、色彩管理中的主题色域，以及景深控制中的主题凸显。一开始会注意到的一定是玉米，因为它位于黄金构图点的位置，第二是因为整张照片的色彩管理中玉米是最亮的颜色，而最后再利用景深去凸显出最清楚的玉米

Sony NEX-5N、Friedrich 50mm F1.4、F1.4、1/100秒、ISO100、光圈优先、矩阵测光

▶ 通常色彩可以决定整个照片的张力，但在数字时代，因为数码后期处理的盛行，所以颜色调性花样百出，因为调整色调方便，很多摄影作品的本质开始失去了意义。虽然后期处理色调并不受业界反对，但尝试看看将色彩去除，而只剩明暗的光影结构后，如果作品还是一样可以吸引人的话，代表拍摄者本身的作品是有深度的

Chapter 03

摄影简易构图概念——构建牛片的黄金骨架

摄影除了色彩、时间、地点与器材外，一幅成功的摄影作品，除了创意以外，最重要的部分就是构图。很多人习惯说一句话：构图决定一切。这其实没错，如果广义来说，除了摄影以外，美感是塑造所有艺术作品特色的惟一要件，但美感这种东西因人而异，也太过抽象。构图就是利用所有前辈的作品特色与大部分人都比较容易接受的一种安排方式进行创作，但记得一件事：构图非绝对，这只是一个归纳出来可以遵循的经验，绝妙搭配的创意构图才是真正要传达的理念。

主客体的安排

3-1

在学会构图以前，最重要的就是学会怎么让人一眼就喜欢你的照片，甚至可以撇开照片里无法避免的混杂人事物，直接传达给观者这张照片所要表达的感受，这就是照片主体的凸显。

所谓的凸显并不是一味的利用大光圈镜头来营造散景，或利用望远镜头来压缩背景，而是利用主体与客体的巧妙安排，来传达照片本身想要传达的想法。主体就是所谓整张照片想要表达的主角，客体就是整张照片中充当的配角，其实最厉害的摄影大师就是可以在最混乱的环境里，传达出最简单的情感与最与众不同的构图方式。

Nikon D70s、Nikkor AF 35mm F2、35mm、F2.8、1/15秒、ISO200、EV0、光圈优先、矩阵测光

📍 台北市丹提咖啡

◀ 左图中，刻意利用后面略为模糊的拿铁作为客体，来衬托前面的卡布奇诺，对比后能凸显出主体卡布厅诺的特色；而右图就是利用前面略为模糊的卡布奇诺作为客体，来凸显后面主体的拿铁，但是这张就明显让客体的亮区抢了主体的特色

没有学过摄影的人，其拍摄的照片通常除了主体会刻意安排在正中央外，很少会去注意主体与客体的安排，以致于照片没有办法凸显主题来吸引观者的注意力。

Nikon D50、Sigma 18-50mm F2.8 Macro、40mm、F2.8、1/25秒、ISO200、EV-0.7、光圈优先、矩阵测光

▲ 通常在户外拍摄时的主客体安排不可能像在室内拍摄一样，可以自己任意安排，而是在遇到拍摄对象的瞬间马上就决定谁是主体和客体的关系。上图中，将一堆西瓜当作主体，而让背后略为模糊的广告牌文字当作写意的文意衬托，会让人感受到日常中毫无拘束的写意生活。但下图中，安排广告牌文字当主体就会变得有点严肃，毕竟文字是刻板的，这个主客体的搭配就会让人有种被局限的窒息感

通常在复杂的环境当中，主客体的安排是最难的，因为此时要掌握的就是在不牺牲环境背景的前提下，又能衬托出主体，使主体和客体相得益彰。

Nikon D50、Nikkor AF 80-200mm F2.8、左80mm右200mm、F2.8、1/500秒、ISO200、EV-0.3、光圈优先、矩阵测光

📍 南投头社活盆地体验区

▲ 如果像左图一样想要贪心地将整个椰子树容纳进来，虽然会有深邃的延伸感，却失去了原本想要表达一家出外踏青的合乐融融感。右图中，利用了望远程镜头的背景压缩感将背景整个压缩了，让整个背景的复杂度被减弱，而主体的立体感在椰林大道中延伸中整个被凸显出来了

Nikon D50、Tokina 12-24mm F4、12mm、F14、1/50秒、ISO200、EV-0.3、光圈优先、矩阵测光

📍 南投县梨山

◀ 主客体安排也并非限于真实个体，这张照片的主体是违反一般印象中主客体的安排条件，窗中反射梨山天空的虚拟影像才是主体，而真实存在的RV车才是客体。这会是一种令人玩味的拍摄方式，引导观者进入拍摄者想要表达的反射世界。而构图的安排上也让RV车成为了主体，左上方的公交车成为了客体，去凸显出另一种独乐乐与众乐乐夹杂的构图安排

Nikon D50、Nikkor AF 80-200mm F2.8、200mm、F2.8、1/4000秒、ISO200、EV-1.3、光圈优先、矩阵测光

📍 南投县武陵农场

▲ 照片中的黄花是拍摄者要表达的主体，利用望远端拍摄，会安排让这朵黄花变成一枝独秀的主体，并借以传达花的高贵与艳丽，但这里除了黄花主体之外，还安排了两朵红花的呼应，让略为模糊的两朵红花作为客体去突出黄花鹤立鸡群的不凡，也让黄花在整个花群的最上方，刚好是阳光照射到的最明亮区突出主体的视觉吸引力（照片降了1.3档EV，是为了削弱背景的亮度，而让黄色花朵更突出，在高反差场景中这是一种常见的手法）

Nikon D50、Nikon 80-200mm F2.8、200mm、F2.8、1/800秒、ISO100、EV-0.7、光圈优先、矩阵测光

📍 南投县武陵农场

▲ 主客体的安排，一般而言是需要经验的。真实场景稍纵即逝，不会让拍摄者去慢慢构图，这也是考验拍摄者对情景掌握的功力。就像图中的猫，在按下快门前的瞬间就必须决定黄色虎斑猫是主体，而为了凸显黄猫的亮色系，让后面的黑猫对比暗色系成为了客体，也刚好呼应黄猫向左与黑猫向右的对比排列

Nikon D50、Tokina 12-24mm F4、12mm、F8、1/160秒、ISO200、EV-0.7、光圈优先、矩阵测光

📍 南投县日月潭码头

▶ 这是一张阴天的旅游照片，并没有使用黑卡造成违反光学明暗比例的情形出现。将一般人喜欢拍摄山水的主体变成客体，利用码头与船只当作主体，以大景陪衬的主客体方式，让大景的盛大隆重变成客体，去衬托码头停泊船只的主体，凸显出让自己更轻松自在的旅游摄影方式。照片为了保留亮区的云层，而降了0.7档EV，如果利用高动态范围（HDR）后期处理法，将暗区亮度拉高，会让照片更臻完美

前后景运用

　　散景的出现，相信是很多刚入门的新手所最无法抗拒的，甚至因此购买高价的大光圈经典镜头或望远人像镜头。但散景只是摄影技巧里面的一小部分，真正要利用散景来创作的元素应该是前后景的应用。所谓的前景就是主体之前的景物，反之则为后景，如果可以运用得当，就算不使用超大光圈或人像望远焦段来获得梦幻散景，也可以营造出一种令人玩味的构图方式。

Nikon D50、Sigma 18-50mm F2.8、50mm、F2.8、1/800秒和1/500秒、ISO200、EV-0.7、光圈优先、矩阵测光

📍 南投县日月潭码头

▲ 这是同一场景两种不一样的前后景构图方式。左图中以模糊后景去表达拍摄者站在栏杆旁，有种在场却心不在焉的闲适感。主题是抽象的悠闲气氛，而客体是模糊的现场景色，如果前景的栏杆上有一些字或图样，照片会更生动

而右图中利用模糊前景去带出后景的清晰，会有种隔墙偷窥的感觉，正好可以带出窥视码头工人辛苦铺砖的那种感觉。这两种构图方式都各有特色，但要注意的是：如果没有运用好，左图易变成没有主题的画片，而右图易因为栏杆而阻碍视觉延伸

Nikon D50、Sigma 18-50mm F2.8 Macro、18mm、F2.8、1/800秒、ISO200、EV-0.3、光圈优先、矩阵测光

📍 南投县清境农场

▲ 在拍花的手法当中，一般是习惯使用非常模糊的背景去凸显花的主题。这里为了凸显一种欧风的感觉，利用广角，以及橙黄与蓝紫的近似对比色，让前景主体的蓝紫色百子莲（爱情花），经由黄橙色的旅馆背景烘托出重要性与立体感，因此产生出一种欧洲常见的黄蓝建筑搭配感

Nikon D50、Sigma 18-50mm F2.8 Macro、18mm、F2.8、1/400秒、ISO200、EV-0.3、光圈优先、矩阵测光

📍 南投县清境农场

▲ 在所谓的前后景元素应用中，也并非只有简单的平面铺陈与色彩搭配，如果可搭配上线条与角度的构思，除了可以让人更在意主体外，还会想要知道这个主体所在的地理位置。图中的花直接以广角镜的仰角拍法呈现，并故意让背后的民宿有一个倾斜与弯角，让人会有意犹未尽的延伸感

Nikon D50、Nikkor AF 80-200mm F2.8、155mm、F2.8、1/50秒、ISO200、EV-0.7、光圈优先、矩阵测光

📍 南投县武陵农场

▲ 前景的引导是一种很难的构图方式，如果没处理好，会令人感觉好像被东西挡住了视觉的延伸。图中利用两颗的磨菇在前景及黄金构图点的位置，去引导斜角另一个黄金构图点的主体，这两个虽然是焦外成像却依稀可以辨别的磨菇可以起到一种视觉引导作用以及营造出花团锦簇的群体感

Nikon D50、Nikkor AF 80-200mm F2.8、200mm、F2.8、1/800秒、ISO200、EV-0.3、光圈优先、矩阵测光

📍 南投县清境农场

▲ 在动态影像中有一种所谓的借位，当然在静态的摄影中也可以制造这样的错觉，图中前景的蜿蜒植物似乎串起了后景中延伸走道上的人物，让人感觉好像在树丛中发现了吊挂于浪漫藤蔓上的迷人精灵。另外，因为图中元素与颜色有点复杂，所以利用主体高亮与背景低暗的对比方式，去凸显藤蔓在构图视觉中的重要性

吉米小诀窍　　一般要拍出散景中的闪亮星点与旋转散景，仅仅利用镜头特性还是不够的，通常要找到一个复杂且重复规律性高的场合，才能够利用口径蚀与慧星像差去营造光点或旋转散景的特性。而这种场合通常可以找有背光的树丛或草丛当背景。

Nikon D50、Sigam 18-50mm F2.8 Macro、50mm、F2.8、1/500秒、ISO200、EV-0.7、光圈优先、矩阵测光

📍 南投县日月潭

◀ 在前后景的安排方式有一种很有趣的反常态构图方式，一般主体习惯置放于高亮区去凸显其重要性，图中的竹叶却是位于低亮区的主体，而背景却是高亮干扰区。但这是故意使用F2.8大光圈，加上背景中有规律性的高光以及复杂线条，去糊化出一点点的星点，从而产生出一种星光点点的浪漫气息

3-3　黄金构图法：井字构图与三分构图

学会上一节主客体的安排与前后景的运用后，摄影中值得玩味的构图就开始在生活中促使拍摄者们对这个世界产生不同的看法。既使是每天必经的无趣小径，也隐藏着的另一种有趣的观赏角度。在学习所有的构图之前，第一个要理解的就是视觉意向的平衡。

何谓视觉平衡？简单来说就是一张照片看起来很舒服；更简单地说，就是把物体安排在观者觉得舒服的地方。这是一门很大学问，当然也很抽象。所以在自己还无法拿捏之前，首先要学会的两大技巧就是井字构图法与三分构图法。

井字构图法与三分构图法被笔者称为黄金构图是有原因的。当然可以把这两种构图法视为众多摄影前辈智慧的结晶并奉为圭臬，但笔者认为，这些也都是有原理根据的。在自然界里，物体形状的比例都存在均称与协调上的规则美感，在数学上有黄金切割比例（0.618，夹角140度），也就会有所谓的黄金切割点。例如，女生穿上高跟鞋会修饰体态，就与这个比例有关。

Nikon D50、Tokina 12-24mm F4、12mm、F22、EV-0.7
📍南投县日月潭晨景

不懂数学没关系，如果是对构图毫无概念的话，可以记得以下面的方式来安排构图是最稳定的，也就是说，这样的拍摄比例会引导出一种最平稳舒服的构图格式。

井字构图法

使用这种构图的照片除了颜色和主客体元素之外，常常会有种非常舒服平稳的感觉。有时候连失焦、复杂或平淡无味的场景，也都会因为拍摄手法而出现一种令人想要仔细端详的感觉，其实这就是使用了稳定的构图方法。在视觉心理学当中，物体在不同的位置会造成心理的不同反应。当然摄影的构图也就是将视觉心理中的视觉潜意识做最简单的呈现。

在入门的摄影构图理论中，一定要学会运用井字构图法。最稳的构图就是将主客体安排在四个红色星点（黄金交叉点）附近，或是上下左右四条线（黄金构图线）上。

吉米小诀窍　很多高手都非常善用黄金构图线，他们常将井字构图线简化为1：2的三等分构图原则（本节后段会整合讲述），将水平的两条线视为是分割主体的界线。例如，要拍摄高山大景时，会利用这两条线作界限，也就是天空与山脉间的临界线；而两条垂直线则可以用来分配复杂主体中的三等分群组关系。

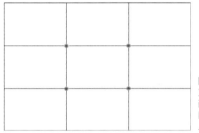

图中的两条水平线可以视为一组，两条垂直线可视为一组，两组交错成一个井字，而互相交叉的四个红点为黄金交叉点。这四个点是摆放主题的绝佳位置，而四条线上则可以放置延伸的主体或延伸的副主体

Nikon D50、Nikkor AF 24mm F2.8、24mm、F2.8、1/500秒、ISO200、EV0、光圈优先、矩阵测光

台北市师大路

▲ 以一张常见的街拍照片来说明，这张在师大附近街上拍的照片主体就是猫，眼睛是表现动物的关键因素，而猫的眼睛刚好在井字构图中右上角红点的附近。而照片中还有另一个安排，就是利用相对反向之左下红点上不稳定的倒三角地砖构型去强烈暗示猫的好动不稳定。这就是典型的井字构图法，在拍摄瞬间就已经刻意安排好主客体的相对位置了。其实细心的读者会发现不仅仅是构型的配置，照片中的色彩管理也依照井字构图进行了稳定分配

Nikon D70s、Nikkor DX 55-200mm F5.6-6.3、145mm、F18、1/1250秒、ISO800、EV-0.3、光圈优先、矩阵测光

▲ 最难构图的场景有两种：最单纯与最复杂。这里先描述最单纯的场景：对于不熟悉摄影的人来说，遇到单纯的场景最难的就是如何安排整个井字构图中空洞的构图，而从这张阳明山上远眺101大楼的照片来看，里面的元素有101大楼（主体）、远方的山、近处的山与近处的树。101大楼在接近左上角的点、远方的山配置在上方水平线附近，近山配置在下方水平构图在线，而近处的树则置于右下的构图点上，与左上的101大楼在对角线上前后呼应

Nikon D70s、Nikkor DX 55-200mm F5.6-6.3、200mm、F5.6、1/125秒、ISO200、EV0、光圈优先、矩阵测光

▲ 最难构图的第二个情况就是最复杂的场景。这张在关渡宫拍的场景是属于复杂的，除了主体元素外，连颜色都很复杂。遇到这种情况常会觉得顾此失彼，有时画面元素全都想要却不知如何切割，有时画面太复杂又不知如何取舍

这张照片在构图时只决定一件事，只要骑马的两个主体，其他人都是可以切割的配角，近处的骑士接近井字构图中左方垂直线，而远处的骑士则在右方的垂直线上。在这样的复杂场景中井字构图线有很大优势

三分构图法

　　三分构图法在一般的书中很少提及，而网络上有许多三分构图法也只是简单的三等分构图，而不是多元素的三分构图。其实笔者不建议读者在不熟悉井字构图法前，就直接使用三分构图法。因为目前许多数码相机中都已经内置井字构图的框线，使用者可以很快上手。

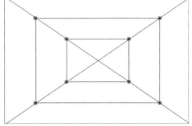

　　如果对构图平衡还不熟就使用三分构图法，可能会因为无法拿捏而更容易失败。但是如果可以善用三分构图法，则能让整个照片部属更多的主客体，而不仅仅局限于在井字构图中的四个黄金交叉点上安排主体和客体。

三分构图法其实就是将整个照片等分成内中外三个矩形区域，三个矩形的边之间间距相同；内部的两个矩形的四个角正好会在交叉的对角线上，形成八个黄金交叉点；构图中的八条黄金构图线也像蜘蛛丝一样，让整张照片多了更多可以安排主客体的灵活位置，更利于善用整个平面的位置，而不是像井字构图法那样只有简简单单的四线四点。

三分构图还有一种进阶用法，就是将整个图利用对角构图线切割成上下左右四个大三角形，把每个三角形视为独立的构图，从而多注视焦点的主题元素安排。

吉米小诀窍　三分构图法其实有些复杂。但简单来说这种构图法其实只是将画面元素分成三等分的延伸。从将三分构图法中对角线分割成的四个三角形来看，会发现每个三角形中也是被分成了三等分，也就是说三等分构图被进一步运用到了四个平均分布的稳定三角形中，每一区域相对独立，却又互相呼应。

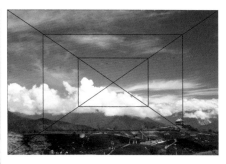

Nikon D50、Nikkor AF 35mm F2、35mm、F8.0、1/320秒、ISO200、EV-1.0、光圈优先、矩阵测光

▲ 这张在花莲六十石山拍的风景照属于元素复杂的构图，使用了超广角镜头拍摄时，主题元素除了蓝天白云以外都是比较小的，所以在构图上就很难拿捏。如果用井字构图法可能会有抓襟见肘的感觉

这里利用三分构图法，利用下方的大三角形来决定主要元素，再利用三角形中的两条横线进行分割，近景山脉置于三角形最下层的空间，远景山脉置于中间层，而白云则置于三角形的最上层区域。另外想要强调的凉亭是主体小元素，置于最右下方的黄金交叉点位置，这样蓝天就会自动分配在其余空间了

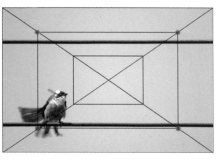

Nikon D70s、Tamron 500mm F8 Reflector AI、500mm、F8、1/125秒、ISO200、光圈优先、中央重点测光、自动白平衡

▲ 以一张主体元素极为单纯的照片为例。因为两条电线的距离是固定的，如果想要强迫使用井字构图法，就要考虑失衡的状况。这里只考虑到几个重点，最强烈的主体元素就是这只白头翁，所以将白头翁置于左下的红点位置，而电线则安排在最下方构图线的位置，此时上方的电线安排于接近于两红点所关联的另一条构图线，虽然元素极为单纯，但善用可凸显主体

Olympus E-300、Sigma 18-50mm F2.8 Macro（Nikon AF接环转接）、50mm、F2.8、1/500秒、ISO200、光圈优先、矩阵测光、ExpoAmigo白平衡校正

▲ 善用三分构图法不仅可以稳定主体元素的安排，也可以用来进行视向空间（视向空间于下一章节会详细解释）的引导，像上面这张在霞海城隍庙拍的照片，因为环境复杂，所以利用大光圈将复杂元素单纯化。利用捉摸不定性的人潮散景强调安排在两个黄金构图点上线香袅袅的祈愿盼望。这种安排方式是利用了线香的头尾方向性，借对角线的视向空间引导作用，线香的指向潜意识会让人往左上移动目光，想象人与线香之间的主客关系

Nikon D70s、Nikkor DX 55-200mm F4-6.3、55mm、F20、20秒、ISO200、EV0、光圈优先、矩阵测光、自动白平衡

◄ 夜景拍摄中，除光圈控制与曝光时间外，最难的就是背景与主体的选择。因为黑色的主体色占了绝大部分，控制不好容易出现一片黑的空洞感，而无法吸引观者注意力。这张于象山上拍摄的夜景是使用标准焦段拍摄的，所以很容易出现压迫感。这里将下面的房屋将近景安排于约略于下方大三角形的中下区间，而让101大楼刚好位于左边四个黄金构图点的延伸空间上，让标准镜头也可以简单平稳地构图

Olympus E-300、Carl Zeiss Jena 135mm F3.5（M42接环转接）、135mm、F3.5、1/100秒、ISO100、EV+1.0、光圈优先、矩阵测光

▲ 拍摄环境往往不能尽如人意，都是必须随机而变的。如果对三分构图法熟悉了以后，就可以开始利用各个构图点所集合形成的构图区域，延伸出自由度更高的稳定构图。上面这张在信义区华纳旁拍摄的树叶近照要凸显出秋天将至的黄叶，以一种强烈暗示的置中配置方式，将其放置在1、2、3、4标注的构图点围成的区域、右方的绿叶则放置于5、6构图点延伸的构图在线，最后树枝安排于7的构图点位置，套上三分构图线后，会发现构图点数刚好左右对称的平稳构图方式

Olympus E-300、Carl Zeiss Jena35mm F2.4（M42接环转接）、35mm、F2.4、1/160秒、ISO100、EV+0.3、光圈优先、矩阵测光、自动白平衡

◀ 三分构图法的延伸用法是主题群的分割，这张在信义区威秀影城旁拍摄的街景，这种毫无明显主题的街景属于很难拿捏主体的拍摄场景

这里运用了三分构图法的群组分割，将要表现的人文景物完全置于稳定的五个构图点的三角形中，在按下快门前等待最右下的那个人物接近构图点才按下快门，另外将从中最明显的红色新光三越招牌置于右边的构图线，有稳定与凸显这张照片构图的作用

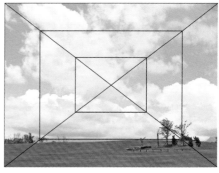

Panasonic DMC-FX7、5.8mm、F5.6、1/1600秒、
ISO100、EV-0.7、程序模式、矩阵测光

◀ 三分构图法的稳定性是所有机身都可以使用的，并不
单纯只限单反相机。这张照片元素与颜色都极其单纯，
只有天空、绿地与树木。因为想要强调蓝天白云的舒畅
感，所以将地平线往下移动到了最下方的构图线上，而
欲点缀的树与椅则安排在最右下方的构图点上，即使用
用很简单的消费型相机也可以拍摄出稳定且不失质感的
照片

吉米小诀窍 如果对黄金构图法不熟，可以使用数码相机的构图网格线功能，很多数码相机
都有这样的功能。有些入门级的DSLR（如Nikon D50）没有支持构图网格线，可以利用对焦
点来做定位。例如，经过右对焦点与下对焦点的延伸交叉点大概就是构图法中的黄金交叉点。

简易的三等分构图观念

在前面提到三分构图法时，很多读者一定会认为三分构图法就是网络上常查到的
三等分构图法。其实三分构图法与三等分构图是不同的，不过平衡的概念都是一样的，
几乎都是将构图空间三等分，以一种1:2的配置方式来取代一般新手喜欢使用的1:1构图
方式。

但是这里提到的三分构图法不仅仅是单一空间配置，而是
一种多群组视觉焦点概念的配置方式。让照片出现不只一个视
觉焦点，营造多视觉焦点是很多拍摄者渴望实现的。

常见的三等分构图法就是如左图所示的配置方式，并没有
给予主体安排的透图焦点，只单纯地给予物体与物体之间的稳
定界线概念。但这种手法对于拍摄大型的风景类照片的确有优
势，因为够简单，所以很容易就上手。如果读者对前面所提的
井字构图法与三分构图法不熟的话，可以从最简单的三等分构
图法入门来学习平稳的构图模式。

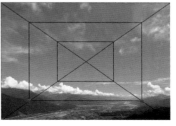

▲ 这张从花莲六十石山远眺花东纵谷的照片可以认为是利用三等分构图线拍摄的。如果是用三等分构图法拍摄的，除了使用广角镜头凸显画面张力外，天空与地面的2:1的稳定配置使画面平稳。如果是使用三分构图法拍摄的，这张照片抓好了左右两个对焦点，并配置了相关的主体元素——左构图点配置了主要的山脉，右构图点配置了纵谷的视觉延伸终点

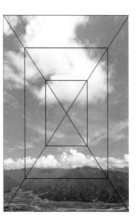

◀ 当然三分构图法不是只在横幅照片可以用。所谓的横幅照片（Landscape）稳定而竖幅照片（Portrait）活泼，所以三等分构图法同样可以套用在竖幅照片中。从照片中可以发现，下方的山脉、中间的蓝天，以及上方的白云刚好形成了三等分的稳定构图

另外，延伸套用一下三分构图法，会发现除了三等分构图外，上方的大三角区域的云与下方的大三角区域的山脉几乎相对呼应了亮与暗、天与地的两种平衡构图。这就是善用三分构图法拍摄的魅力

吉米小诀窍　其实构图不是只有井字构图或三分构图等几种死板构图方式。其实真正杰出的摄影大师常会利用跳出平衡构图，自己创造一种视觉不平衡却令人耳目一新的摄影作品（例如下面章节会提及的破格法或倾斜法）。如果对空间概念不熟或主客体元素还无法控制，那么在尚未建立稳定构图的功力之前，尽量不要因为想要模仿而任意使用，以免画虎类犬。

| 3-4 | 角度与视向空间

　　黄金构图法用得多了，难免会觉得照片太过稳定，好像失去了某种空间的立体感受。因为照片是二维的平面空间，环境却是三维的立体空间，所以摄影先天上就受某种限制。但是角度与视向空间把摄影变得像写作文一样，可以作为一种破题法或隐兵伏将式的新描述式，用来取代虽然平稳不出错却无法带给人惊喜的平铺直叙法（黄金分割构图）。

　　除了角度的拿捏，要注意主体与环境的视向空间的拿捏。很多人在拍完照之后，会发现构图看似完美，但就是缺少一点感觉，却又说不出个所以然来，这就是由于缺乏了视向空间的拿捏。

Nikon D50、Tokina 12-24mm F4、12mm、F8、1/1250秒、ISO200、EV-1.0、光圈优先、矩阵测光

📍 花莲六十石山

▲ 上图的构图是平稳的，水平线、构图点与三等分比例都是完美的，却让人有种快要撞墙的感觉；而右图给人一种舒畅的期待感和就这样走下去的浪漫感，这是因为拍摄者在车的前进方向上留下了一个可期待的视向空间

Nikon D50、Tokina 12-24mm F4、12mm、F8、1/1000秒、ISO200、EV0、光圈优先、矩阵测光

📍 花莲六十石山

▲ 上图的构图非常平稳，可同时有一种无法让人觉得惊艳的平面感，这个就很像作文里面的平铺直叙法，少了转折就少了乐趣，也就是说缺少角度新颖的构图方式

Nikon D50、Nikkor AF 50mm F1.8D、F1.8、1/800秒、ISO200、EV0、光圈优先、矩阵测光

📍 台北淡海

◀ 左图是利用角度与视向空间营造出来的典型构图范例。虽然没什么主题，整个平面的照片画面却能把观者视线由近到远地从这头引到另一头。但由于焦段的关系，这张照片有个很大的缺点，即没有所谓的消失点。左边如果可以留下完整的走道消失点会更引人入胜。这种构图是一开始接触大光圈镜头时最容易犯的错误，只想浅景深，没兼顾其他因素

Nikon D50、Nikkor DX 55-200mm F4-5.6、145mm、F5.6、1/400秒、ISO Auto、EV0、光圈优先、矩阵测光

📍 台北淡水河岸

▲ 这张照片的曝光、眼睛的构图点位置以及景深都控制得刚刚好，可是会有种被东西挡住的感觉。这是因为视向空间被阻挡了。猫的视线方向就是整张照片引导观者注目的视向空间，却被画面中央的那段树枝给阻挡了，而且整张照片被一分为二，会让观者感到一种无法抒解的压迫感

Canon 5D、Nikon 85mm F1.4D、 F1.4、1/200秒、ISO100、光圈优先、矩阵测光

📍 侯硐车站

▲ 照片很简单，猫的背面，会让人想要知道它到底看到了什么，这就是视向空间的引导作用

引入消失点

　　俗语说眼见为实，但其实不然。人的大脑中存在着很多先入为主的视觉经验，而且是很容易造成错觉的法则。例如，空间物体的大小与前后容易造成视差的空间感，或斜视角构图可以营造出一种往内延伸的立体错觉等。

Nikon D50、Sigma 18-50mm F2.8 Macro、29mm、F2.8、1/20秒、ISO200、EV0、光圈优先、矩阵测光
📍 台湾高铁板桥站
▲ 这张照片利用空间延伸的方式，让消失点偏左，有种让人想要出发去流浪的感觉。另外拍摄者用了一个上下均分的二分构图法，上下两条延伸的线条刚好结束于一般相机的左边对焦点上。同时拍摄者故意让照片中"出口"字样的箭头跟视向空间完全一致

Nikon D50、Nikkor 35mm F2、F2、1/1250秒、ISO200、EV0、光圈优先、矩阵测光
📍 花莲六十石山
▲ 视向空间不是只有往左或往右，也可以往上或往下，但是往上或往下会比较难构图，因为竖拍照片宽度的关系，常常要斟酌裁切的位置

吉米小诀窍　　在摄影视觉心理学中有一个惯用却没经过证实的构图方式，就是延伸空间的消失点位置。通常让消失点偏左会营造一种不稳定，想出发去冒险的感觉；若将其摆在右边，就会营造一种稳定而想要回家去歇脚的温暖感。

视觉引导

其实大部分平面照片都缺乏一种延伸感，不仅是缺乏空间的延伸，也缺乏感觉与意向的延伸。后者就是所谓的视向空间，也就是视觉的引导，让照片可以随着主体而延伸。例如，借助主体的行进方向或是人物的视觉方向来延伸出另一个副主体或另一个空间，其实这是视觉引导的想象空间。

Nikon D50、Sigma 18-50mm F2.8 Macro、35mm、F2.8、1/500秒、ISO200、EV0、光圈优先、矩阵测光

▶ 这里的视向空间取决于眼神的方向。摄入母亲的眼神，再引导到婴儿的眼睛上，而婴儿的眼神又引导到照片之外。这种视向空间很难运用，照片里面虽然没有观看照片的人出现，却可以利用眼神把观者变成视向空间的消失点，不管是谁看这张照片，都变成了照片中视向空间的消失点

Olympus E-300、Carl Zeiss Jena Flektogon 35mm F2.4、F2.4、1/500秒、ISO100、EV0、光圈优先、矩阵测光（M42转接环）

📍 台北信义商圈

▶ 这是从背面运用视向空间与空间延伸的交错用法范例。拍摄者利用视向空间的交错拉扯将整张照片原本的空间延伸到对面街道上的人群，又让照片主体刚好挡住他们。在延伸的过程中，主角的视觉方向突然转弯，这也是一种视觉引导的方式

Nikon D50、Sigma 18-50mm F2.8 Macro、50mm、F2.8、1/50秒、ISO200、EV0、光圈优先、矩阵测光

▶ 这种视向空间利用了动作与观者的预期心理，拍摄者让这些动作定格，观者的预期心理是烤肉的人的视线是朝向这些食物的，接着会去拿这些食物来吃，所有的视向空间就指向这些烤肉，这些烤肉当然变成了视觉重心

空间与标记引导

Nikon D50、Sigma 18 50mm F2.8 Macro、18mm、F2.8、1/25秒、ISO200、EV0、光圈优先、矩阵测光

◎ 高雄市真爱码头

▲ 视向空间不一定要有人，如上面的照片中空无一人，可是观者却会把视觉往前延伸。照片以下面的椅子为合焦点，从而挡住近处的空间。观者的视线只好往更远的地方延伸，而更远的空间中又只有模糊的景物，因而在视向空间中增添了更多的想象空间

Nikon D50、Nikkor DX 55-200mm F4-5.6、112mm、F2.8、1/500秒、ISO200、EV-0.3、光圈优先、矩阵测光

◎ 台北淡水河岸

◀ 这种视向空间属于标记型的引导，利用水面上船后面的线条，让人觉得船是由近处驶向远处的。如果少了这些线条，大概只会留下缺乏视向空间的撞墙感

Nikon D50、Tokina 12-24mm F4、12mm、F8、1/800秒、ISO400、EV-1.0、光圈优先、矩阵测光

📍台湾新中横梨山段

▶ 这个是利用空间与标线延伸的视向空间，利用广角镜头的张力加上地上的标线，再加上消失点，营造出一种出发去冒险的延伸感

吉米小诀窍 如果对消失点与视向空间的安排觉得有点难以拿捏，对黄金构图法又不熟，那么可以利用相机取景器中对焦点的位置，将消失点只安排于上下左右中五点对焦点的位置，会发现视向空间的控制并没有那么难。

对比构图法：色彩、远近、明暗、大小

　　如果以为构图只跟形状有关，那就大错特错了。构图其实跟色彩、远近与明暗都有关。在心理学中有所谓的第一眼印象，其实在摄影中也有。例如，红色代表火热与爱情，蓝色代表冷或忧郁，绿色代表舒适或宽敞，大代表近，小代表远。甚至在照片的明暗反差当中也有着视觉心理学上的主观视觉引导，如观者容易被高亮区域所吸引等。

Nikon D50、Sigma 18-50mm F2.8、50、F2.8、1/1600秒、ISO200、EV0、光圈优先、矩阵测光

◎ 高雄爱河黄金左岸

▲ 对比构图法可以应用在其他构图方式中。上左图的前景带后景以及步道的视向空间已经和自行车方向一致，照片的视觉感受已经算平稳了；但是等待情侣入镜后，情侣与自行车标识作为构图元素，为远近构图的方式增添了一种浪漫（上中图）；如果像上图那样，让合焦点在情侣身上，远近对比构图会让观者的视线被一个看不清楚的标识挡住

Nikon D50、Tamron 28-75mm F2.8、68mm、F2.8、1/160秒、ISO200、EV0、光圈优先、矩阵测光

◎ 台北华山艺文中心

◀ 图中的主体是右方有牌子的椅子，但是在整个往内延伸的视向空间里，少了左边那张椅子就会失去平衡，而两张椅子刚好都在黄金构图点上，还是利用一左一右、一远一近、一上一下、一空一满的对比构图方式

Nikon D50、Sigma 18-50mm F2.8、35mm、F3.5、1/50秒、ISO800、EV0、光圈优先、矩阵测光

📍 台湾高铁板桥站

◄ 这种对比方式很简单，只有上下对比，也就是实体与镜面反射的对比。虽然照片平均二等分是构图大忌，但通常会用于拍摄这种镜面反射画面，如风平浪静的湖等

Nikon D70s、Nikkor 35mm F2、F2、1/2500秒、ISO200、EV0、光圈优先、矩阵测光

📍 台北菁桐车站

这张照片以一个清晰的祈愿吊竹和一群模糊的祈愿吊竹做对比，在众多的祈愿吊竹中凸显出要表达的那一个愿望，却又对比地带入其他模糊不清的愿望，让观者在为这个想中乐透的愿望莞尔之余，还想要知道后面那些更多更有趣的愿望是什么

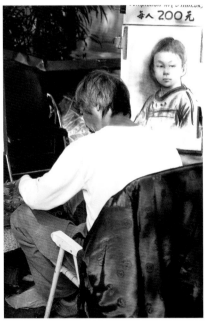

Nikon D50、Sigma 18-50mm F2.8、50mm、F2.8、1/2000秒、ISO200、EV0、光圈优先、矩阵测光

📍 台南安平古堡

让图像取代人类表情的对比构图法是一种真人与假人的对比构图，利用不同面像的对比，让观者想要去了解这个画家的一举一动

Nikon D50、Nikkor DX 55-200mm F4-5.6、112mm、F8、1/500秒、ISO200、EV0、光圈优先、矩阵测光

🔾 高雄新光码头

◀ 照片中的构图方式是比较有趣的对比构图方式。利用远近对比，给人风车比大楼还要高的错觉；而且整个画面的对比平稳，因为大楼在左下构图点，而风车在右边构图线

Nikon D50、Sigma 18-50mm F2.8、35mm、F2.8、1/1600秒、ISO200、EV-0.7、光圈优先、矩阵测光

🔾 台北淡水河岸

这张照片使用了远近对比法，使用视向空间将两个对比物体连结起来——照片中右下拍摄者的视线延伸连结到左上那艘船。图中岸与海的比例维持在1:2，而人与船也都在构图点附近

Nikon D50、Nikkor DX 55-200mm F4-5.6、200mm、F5.6、1/200秒、ISO200、EV-0.3、光圈优先、矩阵测光

🔾 台北淡水河岸

毫无特色的场景，更能考验拍摄者的创意。拍摄者利用镜头长焦端的背景压缩功能，让原本杂乱的淡水岸边只剩下两个东西，画面相对单纯。从远近对比与对角线上构图点的对比中，观者一眼就会看到小熊，因为小熊刚好又是画面中最亮的元素

吉米小诀窍　一般而言，摄影构图要尽量避免在主体区以外出现高亮度区域，因为高亮区会抢走主体的风头。在不熟悉光影与色彩的关系时，尽量保证主体是整张照片中最亮的元素，这样凸显主体就很简单了。

| 3-6 |

线型构图法：直线、斜线、曲线、放射线

　　很多时候碍于环境的因素，黄金构图法与许多构图法都派不上用场，可能是因为环境过于单纯，或是太过于复杂。这个时候越简单的构图方式就越容易表达出引人入胜的主题。最简单的构图莫过于直线构图法了。所谓的直线构图就是在拍摄的角度里找出一条直线，这条直线可以是水平的也可以是垂直的，甚至可以是斜线与对角线。从线性构图法还可以延伸出放射线或曲线构图法。

直线构图法

Nikon D50、Sigma 18-50mm F2.8 Macro、18mm、F2.8、1/20秒、ISO200、EV-0.7、光圈优先、矩阵测光

● 南投埔里酒厂

▶ 遇到规律性的事物时，最基础的直线构图法是最好上手的，但是记得裁切画面的时候，要保留主体的完整性，如照片中的那一格瓶子

Olumpus E-300、Topcon Topcor 58mm F1.4、F2、1/250秒、ISO100、EV0.3、光圈优先、矩阵测光

● 台北华山艺文中心

▼ 如果直线构图配上一些不规则的几何图形，可再考虑一下光线的方向，简单的直线构图也会出现不同的感觉

斜线构图法

Nikon D50、Nikkor 24mm F2 AIS、24mm、F2、1/640秒、ISO200、EV0、手动模式、中央测光

◎ 台北华山艺文中心

▲ 最常用的斜线构图就是对角线构图。这种构图方式非常适合表现视觉的延伸或水平面无法容纳的场景。但是倾斜的角度不要太大，否则会有极度不稳定感

Nikon D50、Nikkor 24mm F2 AIS、24mm、F4、1/500秒、ISO200、EV0、手动模式、中央测光

◎ 台北华山艺文中心

▲ 如果正面拍摄这些字画面可能很无趣，此时可尝试采用斜线构图方式，这种视觉延伸使人感觉整个空间好像都变大了

Nikon D50、Tamron 500mm F8、1/200秒、ISO200、EV0、手动模式、中央测光

◎ 台北阳明山

▲ 斜线构图常常会有种俏皮的感觉，拍摄时尝试微微倾斜一下相机，整个世界好像跟着倾斜了一样。但相机在平稳构图还无法掌控前，贸然使用斜线沟图非常容易让整个画面失败

曲线构图法

Nikon D50、Topcon Topcor 58mm F1.4 AIS、F2.8、1/800
秒、ISO Auto、EV0、手动模式、中央测光

📍 台北大安森林公园

▲ 拍摄这种群体的花也可以利用曲线构图法，让整个花的排列方式
很像曲线一样，由近景弯曲到远景，原则还是对角线消失点的拿捏

Nikon D50、Tamron 28-300mm、300mm、F8、1/500秒、
ISO400、EV-0.3、光圈优先、矩阵测光

📍 台北阳明山

◀ 对于照片中的场景，不管怎样的直线构图方式都不合适，因为它是曲
线型的，这时候就适合曲线构图法了。曲线构图法有个小诀窍，就是把
曲线放在对角线构图中，让曲线的起始点与终点尽量在对角线的位置上

放射线构图法

Nikon D70s、Nikkor VR 24-120mm F3.5-5.6、90mm、F8、1/100秒、ISO200、EV0、光圈优先、矩阵测光
📍 台北明德捷运站旁
▲ 如果遇到这种无法找到圆心的树叶，可尝试让叶脉在中间作为画面中心，让它呈整体往四周放散状，感觉是不是像极了波浪

Nikon F70、Topcon Topcor 58mm F1.4、F1.4、1600秒、Konica Minolta Centuria100、ISO 200、EV-0.7、光圈优先、矩阵测光
📍 台北信义区公园
▲ 使用放射线构图法时，如果可以找到放射线的中心，应尽量把它安排在黄金构图点的位置

Nikon D50、Nikkor AF 50mm F1.8D、50mm、F1.8、1/400秒、ISO200、EV-0.7、光圈优先、矩阵测光
📍 台北阳明书院
▲ 网状构图可以当作是框架构图，也可以视为放射线构图。照片中的场景是反宾为主的拍法，让网格清晰，而让原本应该看清楚的场景变成了模糊的背景，让观者会有更多的想象空间，而不局限于原本可以看清的事物

| 3-7 | 群组构图法

在摄影之中不管用哪种构图方式，惟一的目的就是要让视觉重心能够突出。但是大部分的场景中不可能刚好都只有一个视觉中心。在越混乱的场景，没有经验的拍摄者就会越不知道如何去拿捏。所以当环境混乱时，开始学会去分割画面，也就是把混乱的环境去切割成不同的主题，再想办法去凸显每一个不同主题的特色。

Sony NEX-3、Tokina 12-24mm F4.0、12mm、F16、ISO100、EV-0.7、光圈优先、中央重点测光

◇ 印尼 峇里岛

◀ 照片是典型的群组构图示例，照片共有四个群组的主体，一为两只鲤鱼、二为水面反光及波纹、三为远方的荷叶与树，最后则是远方的天空

群组构图的每一个主角都很重要，而且都是视觉中心，这时候就需要注意几个问题：测光需要拿捏得当，让每一组主体都不会因为过曝或曝光不足而失去重要性。要出现天空的云细节、水面反光，树枝与荷叶不能突兀，鱼要刚贴近水面而且不会因为水面反光而模糊，所以拍摄者要对EV的曝光偏移非常熟悉

另外就是主角位置与构图比例的熟悉：云与水面的比例刚好是1:2的三分构图法、天空与水面的分界线刚好在井字构图线上、鱼则在黄金构图点附近

还有一个手法就是利用平视角摄影手法，让有限水池变成无限延伸，感觉水无边无际，其实还是因为远方的界线被隐藏起来了

Nikon D50、Tokina 12-24mm F4、12mm、F11、1/250秒、ISO200、EV-0.7、光圈优先、矩阵测光

◇ 台湾新中横梨山段

▶ 这是二分法中另一种双主角的群体构图示例。这种二分构图法真的是大忌，却也是最好玩的。这里的两大群体分别是天际线上方的树与天，以及天际线下方的黄色标线。将树放置于构图点上，而下面的标线利用了放射性构图法。虽然这样两个群体互抢视觉重心，却又互相对比呼应，这种张力总让观者感觉豁然开朗

Nikon D50、Nikkor 80-200mm F2.8、185mm、F2.8、1/2000秒、ISO200、EV-0.3、光圈优先、矩阵测光

📍 南投清境青青草原

▲ 善用群体构图还有一种优点就是可以突破单调。照片中如果只有左边构图线上的主角，那整张照片就过于单调，除非在后期处理的过程中在右边空荡荡的地方增加文字等元素。但拍摄的时候稍微等一下，让右边那些人出现在右上方构图点上当作副群体，去呼应左边的主群体，这样的主副群体安排就让画面生动许多了

Nikon D50、Leica Summicron-R 50mm F2、50mm、F2.8、1/1000秒、ISO200、EV0、光圈优先、矩阵测光（异厂镜头改装）

📍 台北象山公园入口

▲ 群体构图还可以决定起始点的位置。很多时候当空间有一大片景时，既要决定主体的视觉中心，又要考虑另一大片景的起始点与消失点，这时群体构图就很重要了。照片中优先定群体为椅子与花丛两个，并且决定将两个以左上与右下的对比构图方式来安排。但这时决定以椅子为主群体，置于左下方构图点且不能被裁切到，因为副群体的重要性次于主群体，所以花丛被简单地裁切了

Nikon D50、Sigma 18-50mm F2.8 Macro、18mm、F2.8、1/200秒、ISO200、EV0、光圈优先、矩阵测光

📍 台北淡水河边

◀ 这种极为简单的构图方式有种视觉引导的群组关系，其中有三个群组：单一的男生、两个女生、很大的远景山边。利用构图点的男生的面向连结至构图点上的女生群体，再利用女生的视向空间去连接远山的另一个群体，三个群体之间互动关系带出了整个画面中，孤独却又不寂寞的空间感

Nikon D50、Tamron 28-75mm F2.8、18mm、F2.8、1/60秒、ISO200、EV-0.7、光圈优先、矩阵测光

📍 台北信义区街头

◀ 最简单的画面也是最难的构图。因为过于单调，画面会没有趣味或没有重心。照片中利用两个高亮视觉中心的群体搭配，一个是在椅子上的黄色波斯菊，一个是利用散景把车灯虚化出来的光点，利用右上左下与数量的对比法，搭配两个群组，有谁会知道这只是路边一个不起眼的角落旁

框架构图法

　　在摄影构图时，拍摄者常常会有一个困扰就是想拍的事物被东西挡住了。如果可避开，我们通常会换一个视角来拍，但是有时候善用这些环境，反而会有一些意想不到的效果。善用环境才真正是摄影功力发挥的时刻。在很多不起眼处会看到一些类似孔洞或是框架的元素，此种情况下可尝试利用窥视的方法去构图，会有一种柳暗花明又一村的不同体验。

Nikon D50、Nikkor VR 24-120mm F3.5-5.6、90mm、F5.6、1/160秒、ISO200、EV0、光圈优先、矩阵测光

◎ 台北九份

▲ 框架不一定要完整，框架也可以是主体。上图的照片中如果又单纯地拍咖啡厅，可能还需再写一些说明文字，观者才知道身在咖啡厅。如果善用框架与文字，照片不用任何说明，一看就知道是九份，而这种构图法会引发人想要穿越这个框架一探究竟的好奇心。记得等待时间，如果没有这个人入镜，就失去了陪体的主题性了

Nikon D50、Sigma 18-50mm F2.8 Macro、50mm、F8、1/400秒、ISO200、EV0、光圈优先、矩阵测光

◎ 高雄市真爱码头

▲ 框架构图还有一个重点是确认谁是主体谁是陪体。这没有一定的准则，由拍摄者欣赏的角度而定。左图中，要呈现真爱码头这个漂亮的Logo，所以它成了主体；而后面的陪体大楼给观者引出了另一种远景的浪漫，像初次来真爱码头享受浪漫。而右图中，大楼是主体，从框架中看到远方的85大楼，Logo陪体俨然成了窥视用的望远镜，玩遍了真爱码头准备前往下一站的感觉

Nikon D50、Nikkor 80-200mm F2.8、200mm、F2.8、1/2500秒、ISO200、EV-0.3、光圈优先、矩阵测光

◎ 南投清境

◀ 框架不一定真实存。此照片是躲在一群花篮后面利用镜头望远端拍摄的，花篮成了自然的框架。利用框架构图法拍摄是不是有种窥视别人且被别人窥视的俏皮趣味；而使用儿童当主体是因为儿童单纯无瑕。如果照片的主角改为成人，就可能被误认为是狗仔偷拍了

Nikon D50、Sigma 18-50mm F2.8 Macro、40mm、F8、1/6秒、ISO200、EV0、光圈优先、矩阵测光

◎ 台铁高雄段

▼ 框架构图法顾名思义就是利用框架也是照片构图的主题之一进行构图，要把框架构图想成是前景带后景的构图方式也行，只是框架这个前景大多了。使用框架构图法拍摄时，一般人的拍法常常会让框架的主体在正中央，虽然稳定却失去了一种不稳定的创意感，下次尝试看看让框架在不同的构图点上出现，只要注意裁切的位置，不同的方向会出现完全不同的照片呈现效果

Nikon D50、Sigma 18-50mm F2.8 Macro、18mm、F2.8、1/400秒、ISO200、EV0、光圈优先、矩阵测光

◎ 台铁高雄左营站

▲ 这一种框架构图的拍法，加入了两种对比的元素，一种是极其稳定的中央构图法，而另一种则是非常不稳定的倾斜构图法。利用这两种元素的格格不入，引出一位稳定平实的铁路工作人员。在这个日复一日的框架中，他或许会担心什么时候退休而失去了原本平衡的生活，这使画面产生了一种另类平衡感

Nikon D50、Sigma 18-50mm F2.8 Macro、48mm、F5、1/20秒、ISO200、EV-1.0、光圈优先、矩阵测光

◐ 台北华山艺文中心

▲ 框架也可以一种抽象的方法使用，这种尝试是利用框架去做视觉延伸的另一种表达方式，意在呈现一种偷窥的感觉。但在不熟悉主体完整性与构图平衡之前，尽量不要尝试这样一种可能会让人完全看不懂的照片构图法

Nikon D200、85mm F1.4D、F1.4、1/2000秒、ISO100、光圈优先、矩阵测光

◐ 日本京都

▲ 别把框架想得太狭隘，只要是在某个局限的空间之中，就可以利用这个外框，来巧妙地安排主角，如上图利用车窗的框架来营造一种错觉，让人觉得狗好像在开车一样

3-9 不稳定构图：破格法、倾斜法、反客为主法

在本章的最后一节中，我们要颠覆这一章前面讲过的所有稳定构图法。下面主要介绍一些许多摄影师想要营造不同的场景感觉时，会用到的非常不稳定的特殊构图法。这些构图法虽然极其不稳定，但如果能善用这种不稳定感，常常会带来一种不同于现实的视觉冲击。

简单来说，当每个作品的拍摄手法都如出一辙时，观者对于可预期的稳定视觉心理就会趋向于麻痹，这时不稳定构图法反而可以激出一种不同的视角火花。但在所有稳定构图基础没熟练掌握前绝对不要轻意尝试，因为可能拍出来的照片可能跟完全没有概念的新手拍出的不稳定构图没什么两样。

破格法（在一种规律环境中，出现破坏规律的主体）

Nikon D50、Tamron 500mm F8、1/640秒、ISO200、EV0、手动模式、中央测光

◎ 花莲六十石山

▲ 直线构图并不只是垂直线，水平构图也算，这里把直线构图搭配三等分分割，利用主角的主体反而只有一小部分的破格法（不稳定构图章节会介绍）的方式，给人一种耳目一新的特别构图模式

Olumpus E-300、Nikkor 80-200mm F4.5 AIS、200mm、F8、1/1250秒、ISO100、EV0、光圈优先、矩阵测光（F-mout to 4/3转接环）

◉ 台北华山艺文中心

◀ 这也算是一种破格法。原本都是平稳的几何图形中，突然冒出两株完全不相干的幼苗，而且成为视觉重心，让观者更想着清楚。如果没有幼苗，这照片就一点意义也没有，甚至平稳到非常无趣

Nikon D50、Tamron 28-75mm F2.8、75mm、F2.8、1/20秒、ISO200、EV0、光圈优先、矩阵测光

◉ 苗栗大湖

▲ 这张照片中的破格法是借助颜色与几何形状的不同实现的。在原本底部布满圆形青苔绿的流水当中，突然出现不规则形状的金黄枫叶。这片枫叶的颜色、形状都与流水底部的颜色和形状不同

Nikon D50、Sigma 18-50mm F2.8 Macro、18mm、F8、1/50秒、ISO200、EV0、光圈优先、矩阵测光

◉ 高雄市盐埕区冬粉王

▲ 这张照片运用了一种比较偏向心理层面的破格法。原本应留下完整纪录餐厅一角的简单画面，突然冒出一个人头，而且在正中央，又裁切不完全。如果是新手会觉得照片失败，如果是有点经验的人会开始去找寻线索，想要知道为什么会突然出现这个人，最后会在照片最上面的八十岁招牌找到线索，这算是一种比较意犹未尽的破格法，但是前提是要观者对照片有兴趣

倾斜法（利用倾斜角度去引导活泼的视角）

为了得到活泼的人像画面，可避免稳定的构图方式，而选择倾斜角度的构图方式。但这不意味着一味采用倾斜角度，如果任何场景都用倾斜角度，总让观者歪着头看，就会很不舒服。

其实斜角构图有几个小诀窍，就是构图斜但是主体是正的；另一种则是虽然主体是斜的却利用引导手法（如眼神等）去引到另一个被摄体上，并避免倾斜的不稳定感。

Sony NEX-5N、Contarex 55mm F1.4、F2.0、ISO100、光圈优先、点测光

📍 士林官邸

▲ 这张照片在拍摄时就预备在右方的空白处加上文字标题，所以拍摄者刻意用往右方倾斜的方式来做视觉引导。另外，因为脸是正的，所以虽然图斜了，但不会有需要歪头看的不适感

吉米小诀窍 倾斜构图也可以用来填补单调的构图场景，照片中利用倾斜构图法加上人物的视向空间，去连结屋顶的放射线构图线条，让原本空洞的右半部也融入了场景，而这种构图，也会让人想要知道照片中的人物到底被什么吸引了。

Canon 5D、Schneider Cine-Xenon 100mm F2.0、F2.0、
ISO100、光圈优先、点测光

📍 台北阳明山19号咖啡馆

▶ 一般而言这样的构图算稳定，人及窗户框架都很稳定，但感觉不够
活泼，总觉得该做些什么改变让这张人像照片有点活力，所以在拍摄
右边这张照片时把相机拿斜让窗户框架稍微倾斜，但不至于斜到变成
45°的对角线（小禁忌），并要求模特儿头倾斜一点点，让照片里面
看起来头还是直的，整张照片就变得活泼许多了

吉米小诀窍　　但倾斜法也不是可以肆无忌惮地乱用，一般有一个大忌讳，就是如果背景中有
大型稳定物体如大型建筑或是山脉，那么利用倾斜构图就会人觉得非常不舒服，而且太多余的
倾斜反而会破坏照片的整体感。虽然照片中的人像不会有不舒服感，但是背景中的建筑出现了
极不稳定的倾斜感。

反客为主法（原本不应该是视觉重心的配角变成了主角）

Nikon D70s、Nikkor VR 24-120mm F3.5-5.6、80mm、F4.2、1/125秒、ISO200、EV0、光圈优先、矩阵测光

📍 台北菁桐车站

▶ 简单的说，反客为主的拍法就是把平常习惯作为主角的角色变成配角。照片中原本应该是火车要当主角的，却被铁轨抢了风采，而火车变成了背景，可是这样的照片却令人更有想象空间，感觉很像是坐在铁轨上看着火车驶来

Nikon D50、Leica Summicron-R 50mm F2、F2、1/800秒、ISO200、EV0、手动模式、中央测光

📍 台北阳明山苗圃

◀ 大光圈也常用于反客为主的拍摄中。但是这种方法属于比较强调意识型态与艺术创造的拍法，有时候会没有主题，只是想要营造一种非现实的后现代感。如果不是很有经验，可以在熟悉了以后再慢慢尝试，但也要有心理准备。通常这一类的照片不是每个人都看得懂，而且可能流于形式化的自我满足而已

摄影之心番外篇——为自己的作品赋予灵魂

拍摄者的意境传达（意象摄影）

4-1

学习前面几章介绍的基础技巧后，可以明确：照片不仅要讲究构图，也要让人看起来觉得很舒服。但满足这两个条件的拍摄者也只是普通摄影匠而已。如果想成为一名传其意与抒其情的摄影师，就必须认真深入了解主体意义与摄影手法创意的真切表达。所谓的意境传达是很抽象的，这里只能尝试将其量化来描述这种意象摄影。

Nikon D50、Topcon Topocor 58mm F1.4 AIS、F1.4、1/50秒、ISO Auto、EV0、手动模式、中央测光

📍宜兰礁溪

◀ 这种照片完全失焦，没有任何主题，或许有种不同的感受，因为每个人的观点不同。但这也不是乱拍的。当初取名的主题是"微醺的夜归之路"，或许每天应付压力工作与应酬后，回家路上看到的景色就是这样的

在摄影之初常会有一个大疑问："你的照片是怎么拍的呀？"可是就算把对方所有的技巧与手法完全学会，拍出来的照片顶多只是很像，并没有当时观看照片时的一种震撼与感动。这样的照片最缺乏的元素是拍摄者视角的意境传达。

有些照片没有大景，没有构图，发色很差，只有黑白，说不定手抖，过曝或过暗，顶天立地，甚至正中红心的所有摄影大忌通通都有，可是却是一张令人驻足流连，甚至震撼人心的经典巨作，这就是摄影最终的重点。一张照片所要传达的构思：你想要对观众表达什么？你要怎么表达？表达是否完整？

Nikon D70s、Sigma 24-135mm F2.8-4.5、135mm、F4.5、
1/125秒、ISO Auto、EV0、光圈优先、矩阵测光

◉ 台北菁桐车站

▲ 初看这张照片时，因为没有环境因素，也没有故事背景，所以会
觉得没有主题，这就是缺乏意境的表现。但其实它是一套菁桐车站
故事系列照中的一张，主题是"被遗忘的曾经记忆"，有了主题，
就可以让观者理解拍摄者的意境，弹珠汽水的甜味说不定看着看着
就出现了

Nikon D70s、Nokkor AF 50mm F1.8D、50mm、F2.8、1/15
秒、ISO Auto、EV0、光圈优先、矩阵测光

◉ 台北淡水河岸

▲ 没有颜色？发色很差？没有大景？有点过曝？有点手抖？还是黑
白的？但只是想要表达一个主题：说不定两个耳语的老态龙钟的长
者，正回忆着当初战场杀敌的经历

简单而言，决定摄影成功的要素是拍摄者，如拍摄前对照片的情节设定等。

1. 故事构思。一张照片的成功在于真实传达拍摄者的意念。给照片一个故事，可
以让照片拥有生命。故事如果成功，那照片震撼的生命力会直接传达给观者。因为这会
是一个曾经存在的故事，会是这个时间和空间的一个纪录。

2. 细心观察。细细观察光源与环境的条件，最难得的景象常常就在最不容易发掘
的地方，最憾动人心的事件常常就在最简单的世界里。观察身边的环境，体验周围的事
件，会发觉摄影的题材就是这么源源不绝，而且如此震撼人心。

Nikon D50、Topcon
Topocor 58mm F1.4
AIS、F2、1/30秒、
ISO Auto、EV0、
手动模式、中央测光

◉ 宜兰礁溪

▶ 原本照片应该是一
个父亲、一个母亲和
一个女儿，却变成三
个发型都一样的的女
性，或许背后有着怎
样的故事，我们没办
法知道，但是却想要
把这种曾经存在的故
事生命力，不用文字
而用视觉去直接传达

Nikon D70s、Nikkor VR 24-120mm F3.5-
5.6、120mm、F8.0、1/500秒、ISO Auto、
EV0、光圈优先、矩阵测光
📍 台北金山海水浴场
◀ 夏日的海滩有多好玩？夏日的比基尼少女有
多漂亮？狂欢的夏日再怎么描述也无法道尽所
有的现场。仔细观察这张照片，鞋子的主人跑
去享受了，这就是简单的夏日狂欢

　　3. 构图创意：就简单的视觉心理学层面来说，通常人类的潜在感觉是喜欢平衡的
事物，越平衡就越能接受，但是通常最震撼的照片却是在平衡点与失衡处中找到一个恰
到其处的融合。在千篇一律的摄影作品中会出线的通常就是以常人看不到的角度来取
景：以一种最简单的构图创意来表达最不简单的照片情感。

　　记得最重要的一件事：当手中握有相机，就相对握有解释这段既存空间与暂留时
间的无上权力，当权力越大，随之而来的责任也就越重。一个真正的摄影师要传达的是
真实的摄影原味，而不是漂亮的摄影技术。拍摄者越用心，那照片传达的意境与存在的
意义就越大，那种震撼不是一两个摄影绝技可以达成的，而是来自于拍摄者对那个时间
与空间那最深刻的体验。

Nikon D50、Carl Zeiss Jena 135mm F3.5、F3.5、
1/10秒、ISO Auto、EV0、手动模式、中央测光（M42
校正镜转接环）
📍 台北信义商圈
▲ 构图一定要平稳？一定要景不惊人死不休？从这个没
有重点的失焦点看到什么？两个人？两颗心？还是铺
*2？都是也都不是，因为这就是因人而异的情感表达

Nikon D70 + Nikkor 18-200mm VR
📍 下过雨的玻璃窗后
▲ 对焦点在前景与后景之间，刻意模糊后景，产生抽象
油画的感觉，下雨天也能在家拍不同的题材

4-2 全画幅的意义——感光元件

全画幅（Full Frame Size，FF-Size），这个名词是在数码摄影时代才出现的，也在数码摄影时代引起不少争端。从品牌的坚持、画幅的争执和镜头的比较中，这个全画幅的名词可真是让摄影界彼此笔战不休。不但让许多想要转战数码摄影的新手与老鸟裹足不前，也让许多120mm或更高画幅的摄影玩家对135的全画幅相机（FF）这个名称难以接受。

Nikon F70、Topcon Topocor 58mm F1.4 AIS、F2.8、Kodak 250D 电影胶片
台北华山艺文中心

如果没用过传统相机就进入数码单反的世界，那画幅对于您可能一点意义也没有，因为没有包袱窠臼，也没有习惯需要摆脱，有的可能只是某些对于全画幅神话崇拜的想法而已。如果从胶片时代走过来的，就会发现原来58mm的视角是这么广，那全画幅相机可能是恢复使用习惯的利器了。

吉米小诀窍 就胶片的规格而言，大于135厘米画幅的胶片，还有所谓的中画幅与大画幅。当全画幅这个名词出现时，不少人混淆了。如果使用不同大小画幅，但用相同的光圈值，那么所拍照片不会有不同的景深（散景的模糊程度），但是会有不同的视角。

因为感光元件的技术无法提升，导致生产跟135画幅胶片一样长宽规格的感光元件技术也无法提升，所以生产成本过高。厂商想出来的变通之道是，将感光元件（CCD或CMOS）的尺寸缩小，这种感光元件应用于低价主流的APS-C画幅的数码相机135画幅胶片的长宽规格是这种APS-C画幅规格的1.3倍、1.5倍或1.6倍。APS-C画幅最大的缺点就是所有135画幅镜头的景深与成像的关系都受这个倍数影响，所以原本胶片时代的镜头视角习惯通通要改变。

Olympus E300、
Nikkor 24mmF2、
1/40秒、ISO 100、
E V 0、光圈优先、
中央测光（Nikon to
4/3转接环）

📍 台北永春岗公园

◀ 左图24mm在4/3
系 统 的 两 倍 画 幅 视
角；而右图是24mm
在全幅的视角

　　在主流的数码相机产品中，第一个突破全画幅限制的是带有蔡司（Carl Zeiss）
镜头的Contax N Digital相机；其次是Canon发展出来的，具有超低噪点CMOS感光
元件的1Ds相机；接下来是拥有目前高动态范围的Kodak DCS Pro 14n。虽然这些都
是当初习惯135画幅的用户的理想选择，也都拥有不亚于现今动辄数十万的数码摄影功
能，但是这些当初都是动辄数十万的顶级相机，真正打开135全画幅数码相机走进市场
的是一部毁誉参半的Canon 5D的数码单反相机。

Nikon F70D、Nikkor 24mmF2、Kodak 250D 电
影胶片

📍 台北象山

◀ 这是24mm焦距在全画幅相机上的超广角视觉，如
果习惯使用APS-C画幅，可能会觉得这是16mm的
超广角

　　因为全画幅相机的技术与价格都过高，让许多中档相机的用户无不对Canon 5D趋之若鹜。Canon 5D的机身功能过于高端，让许多摄影用户觉得是一台高价的高性能全画幅相机，因此不太懂摄影的入门用户对全画幅数码单反相机产生了许多憧憬假象与误解。

吉米小诀窍

Nikon D50、Nikkor VR 24-120mm F3.5-5.6、120mm、F8.0、1/500秒、ISO Auto、EV0、光圈优先、矩阵测光
◎ 台北金山海水浴场

　　假设第一张图为全画幅照片，站在同一个位置用同一焦距的APS-C画幅相机拍摄，得到的第二张照片跟第一张有完全一样的景深，只是容纳的景物少了。如果APS-C要像全幅一样的视角就要退后拍摄，直到裁切的部分可以多出第三张的暗区，在后退的同时景深就不同了，所以景深与画幅是不会互相影响的，会影响的是为了一样的视角，拍摄者必须后退而造成景深变深。

　　画幅与景深间的关系其实是非常简单的，先明白一个重要观念：景深并不会因为画幅大小而有所影响，镜头标识50mm就是50mm的景深。但是为何会有这样的误会呢？用个容易理解却不完全正确的计算方法来表达，先记得一个观念：如果主角与背景之间的距离固定，拍摄者越接近主角，则景深会越浅；拍摄者越远离主角，则景深越深。接着继续下面的简单描述。

　　如果只使用50mm的焦段，以135mm画幅单反相机为标准，拍摄刚好容纳下一个人的全身的照片。如果使用APS-C画幅的相机，并以同一位置来拍时，景深会完全一样，但会因为画幅小没办法容纳拍全身。假设必须后退1.5步才能拍下全身，当你退后1.5步来让视角容纳全身时，景深当然就相对变深了。

　　反之当你利用120画幅（乘以0.6倍的画幅）的相机来拍摄时，因画幅大所以视角更大，就可以更靠近主体，让主体刚刚好是全身，所以景深相对就变浅了。例如使用120画幅645相机搭配80mm F2镜头，如果以相同的视角来构图，造成景深大约是135mm画幅相机的48mm F1.2镜头的程度（乘以0.6），也难怪不少中高档相机用户对大画幅的相机趋之若鹜。

数码摄影是否需要后期处理

在数码摄影时代，最后一个争论不休的议题就是"后期处理"的这个步骤了，很多摄影比赛甚至要求参赛者不得动用任何软件处理参赛作品。一部分人坚持不后期处理，秉持还原现场真相的原则，把后期处理与造假两者之间划上等号；而有另一部分人则认为，后期处理不是只有数码时代才有，在胶片年代中，就连不同镜头的发色、胶片的选择，与传统暗房调控都算后期处理，所以认为摄影本身就有后期处理的环节，只不过现在利用数字化软件处理更方便而已。

Nikon D50、Nikkor DX 55-200mm F4-5.6、55mm、F8.0、1/50秒、ISO 200、EV0、光圈优先、矩阵测光

📍 台北植物园

◀ 数码相机天生就存在局限性，如果可以善用数码后期处理技巧，反而可以还原眼睛原本看到的场景。图左，如果利用矩阵测光那整个场景会因为黑色而过曝；图右，但如果利用中央重点测光测亮区，虽然没有过曝却让镜头黑的完全看不到了；图下，利用高曝光动态范围（HDR）技巧，现场眼睛看到的就是这样，这算作弊吗？这就是现场还原

在这里必须要客观地思考一下：如果说有同一个场景，有人用Leica拍出的是淡雅立体的悸动、有人用Contax拍出浓艳层次的感动、有人用Nikon拍出锐利清晰的感受，甚至有人用Olympus拍出艳蓝翠绿的冲击，那到底谁才是真正的还原现场？甚至胶片都存在着不同品牌、正负片与不同冲洗药剂的不同从而影响照片的效果，而数码摄影连不同品牌的感光元件都存在着颜色差异而影响照片的效果，那试问绝不后期处理的还原现场到底要以哪种效果为标准呢？

▲ Nikon D70s、Sigma 24-135mm F2.8-4.5、24mm、F16.0、1/1000秒、ISO 800、EV0、光圈优先、矩阵测光
○ 台北擎天岗

因为镜头的缺陷与环境因素，让照片看起来就像左图一样，可是现场真正用肉眼看到的却像是利用数码后期处理技巧所呈现的右图，只是因为相机天生的缺陷让它无法还原现场。

其实数码后期处理相对于传统摄影而言，可视为是数码暗房，而不是与造假划上等号。如果没有Contax的浓烈发色铭镜，也可以调整对比度来模拟浓烈发光来达成；如果没有Nikon铭镜的锐利，也可以利用调整锐利度模拟锐利来取代；甚至没有Olympus的强烈蓝绿，也可以通过调整曲线来弥补。但永远记得一句话：摄影是一种感动的纪录，而不是一种哗众的技巧；后期处理是一种完美的修饰，而不要成为弄虚作假的手段。

Nikon D70s、Sigma 24-135mm F2.8-4.5、24mm、F22.0、1/60秒、ISO 800、EV0、光圈优先、矩阵测光
○ 台北擎天岗
▶ 经济不够宽容，没有办法拥有宽幅相机？利用数码后期处理的完美修饰功能，只是剪裁与加框，就能让整个感觉都不一样了，这就是不造假的完美修饰

 **吉米小诀窍** 数码单反最重要的就是支持RAW格式，很多人会觉得RAW文件的容量又大，拍出来效果又灰灰的，所以还不如直接用经美化过的JPG格式就好了。其实RAW格式是一种纪录现场光影原始数据的格式，也就是说不仅记录现场颜色，还会将现场的所有条件全部纪录下来。

拍RAW档如果色偏了，还可以利用色温来恢复原色；如果过暗、过亮或是明暗高反差过大，还可以利用+2EV或-2EV的宽容度来救回亮部与暗部的所有细节。也就是说RAW格式不是纪录一张照片，而是尽其可能的纪录现场所有能够保留的细节信息，这便于数码后期处理的处理。

奶油味？ 空气感？ 二线性？ 旋转散景？

在网络时代，数码照片或胶片照片被数字化后，在短时间之内就会传开来。因此会有许多错用或是完全搞不清楚的新名词出现，这可能是一种拍摄者主观感觉，久而久之以讹传讹后，却变成了奉为圭臬的不二法条。

这里把几个焦外成像（散景）中最常见的特殊名词列出，如果是喜欢这种焦外成像也不置可否，因为欣赏的角度原本就是主观的。但因为一些新手常常搞不清楚这些名词的真正意义，但是却又莫名的崇拜，继而花大钱买该品牌的经典镜头或是顶极镜头，并没有了解设计者对这支镜头所赋予的心血，也没有真正了解摄影的本质在于主体与意境，而不是焦外成像的哗众取宠。

徕卡镜头的空气感（Leica、Leitz）

Leica的镜头神话，是每个拍摄者的梦，也是每个拍摄者所传颂的，但是原本要崇拜的应该是德国厂商对光学工艺的坚持，却在口传的来来去去之间，这个镜头神话应该要被重视的细节与层次主体被模糊了，而原本的焦外成像的配角却被神话了。

Nikon D50、Leitz Summicron-R 50mm F2、F2、1/640秒、ISO Auto、EV0、手动模式、中央测光
📍 台北象山入口步道
▲ Leica不是一种神话，而是德国厂商对于光学工艺的执着，有许多高档的电影镜头、航天镜头和军用镜头都比徕卡还要高档。但是记得使用徕卡是要体会这群光学工程师的用心，以及体会对于现场还原的明暗部细节和光学成像的要求

其中最有名的就是徕卡镜头的空气感，很多摄影的新手不是很了解空气感，又对于焦外成像的空气感误解，继而执着于焦外成像，忘却了摄影主体的重要性。其实空气感并非是神话，在光学上的可能解释应该是原本该校正的相场弯曲现象被刻意忽略了，再加上斜角入射光，就会出现空气感。很多老镜头在善用空间角度与适当光圈可能拍出空气感，但重点是徕卡镜头的优质不是好在空气感，而是对于光学工艺的执着。

Nikon D50、Leitz Summicron-R 50mm F2、F2.8、1/320秒、ISO Auto、EV0、手动模式、中央测光

📍 台北象山入口步道

▶ 徕卡著名的空气感您感觉出来了吗，还是说这只是一种虚无飘渺的意义？如果有，恭喜你，那您可能对徕卡从此无法抗拒；如果没有，一样恭喜你，不管什么样的镜头都可以满足您，从此以后可以专心的做摄影像创作而不用去追求这些虚无飘渺的神话

Nikon F70、Topcon Topcor 58mm F1.4、Kodak 250D 电影胶片

📍 台北松德路办公室

▶ 照片中使用的镜头不是徕卡，只是一支制造商已经消失的日制老镜头，你有感觉到焦外成像的空气感吗？这种感觉可能会是因人而异

蔡司镜头的奶油味（Zeiss、Contax）

　　蔡司镜头在摄影玩家手中总是炙手可热的，除了著名的T*镀膜与超鲜艳的颜色外，最有名的就是蔡司镜头的奶油味，一种油油亮亮非常柔细的焦外成像。很多人都喜欢这种奶油味，但其实是因为镜头厂商利用镜片的设计去抑制所谓焦外成像的二线性散景出现，继而让合焦处与焦外成像的交接处会产生类似渐变效果的模糊虚化效果。

Olympus E300、Contax 50mm F1.4 MMJ、F1.4、1/60秒、ISO 100、EV0、光圈优先、矩阵测光

♀ 台北文化大学

◀ Zeiss（Contax）的奶油味，就是对于焦外成像与焦内成像交接点的严苛要求。从清楚到模糊会感觉到完全是渐变的，完全看不到界线，这就是德国人在蔡司镜头上对于焦内到焦外成像的严苛要求

Olympus E300、Contax 50mm F1.4 MMJ、F1.4、1/2000秒、ISO 100、EV0、光圈优先、点测光

♀ 台北阳明山苗圃

▶ 对于蔡司镜头的奶油味感觉出来了吗？但其实蔡司镜头的优质不是这些焦外成像的重点，能看到叶脉成像细节的保留度，以及T*镀膜对于眩光的完全抑制

二线性散景

很多新镜头上市时，常常会有镜头测试的文章评论镜头的焦外成像的二线性太严重。但很多人并未真的了解二线性虚化的意义。相对于二线性虚化的名词就是模糊虚化，也就是一般人眼看到最自然的成像。在焦外成像的光点边缘不会有过于锐利的现象，而二线性散景的就是在过于锐利，而在焦外成像的所有东西的边缘轮廓都有被两条或两条以上的线条分割。

	Contax 50mm F1.4 MMJ（无二线性）	Nikkor AF 50mm F1.8D（有二线性）
原图		
拉高反差		

左栏的图就是没有二线性散景，会发现从中心渐渐变色到外缘；而右栏的图就是有二线性散景，没有任何渐变层，边缘非常锐利，而当许多圆在一起时就会发现有很多很乱的叠线感，就是所谓的二线性散景。

Olympus E300、Nikkor 50mm F1.8D、F1.8、1/15秒、ISO 100、EV-0.3、光圈优先、矩阵测光

▲ 图中的焦外成像（散景）就是不够柔，感觉有很多虚化的线条重叠干扰

Nikon D50、Tamron 28-300mm F3.5-5.6、185mm、F6.0、1/1000秒、ISO Auto、EV-1.0、光圈优先、矩阵测光

📍 台北阳明山苗圃

◄ 左图是故意在镜头上利用相场干扰后，拍出来的严重二线性散景的照片，可以看到会有很混乱的叠影出现，感觉树枝在晃动

　　二线性散景虽然会干扰视觉，但也并非一文不值。很多拍摄者就特别喜欢折返镜所造成的严重二线性散景，有人戏称为甜甜圈散景。如Minolta Rokkor-X 250mm Reflex与Tamron 500mm Reflex这两支折返镜，善用其成像也会很有特色的。

Nikon F70、Tamron 500mm F8、Kodak 250D 电影胶片
🔾 台北阳明山苗圃
▲ 这是利用500mm折返镜拍出来的照片，焦外成像中的甜甜圈散景就是所谓的二线性散景的一种

Nikon D70、Minolta Rokkor-X 250mm、1/250秒、ISO 100、手动模式、中央测光
🔾 台湾绿岛
📷 Loveada
▲ Minolta Rokkor-X 250mm折返镜头的数码成像

Nikon F100、Minolta Rokkor-X 250mm、RDPⅢ正片
🔾 台湾绿岛
📷 Loveada
▲ Minolta Rokkor-X 250mm折返镜的胶片成像

动态散景（旋转散景）

最近老镜头有重获新生的势头，尤其是一些有特殊散景的电影老镜头，例如Dall-meyer Super-Six（俗称超六的电影镜头）。这些镜头的特色是散景很特殊，如旋转散景、放射性散景、水彩式散景。

Olympus E-300、Nikkor 24mm F2、F2、1/320秒、ISO 100、EV0、光圈优先、矩阵测光

📍 台北永春岗公园

▲ Nikkor 24mm F2接在数码相机时，拍出来会出现放射性动态散景

Nikon F70、Nikkor 24mm F2、Kodak E100VS

📍 南投日月潭

▲ Nikkor 24mm F2利用Nikon N50与Kodak E100VS正片拍出来会出现的放射性动态散景

通常这样的散景大多是使用老镜头才会有的乐趣。其实会造成这样的散景都是因为老镜头设计技术不够先进，使用的都是球面镜而造成的慧星像差（Coma），再加上口径蚀所造成的散景缺陷。而新镜头大多使用称为Aspherical（ASPH）的非球面镜来校正像差，却让喜欢这样散景的玩家失去了这种乐趣。其实，有时缺陷才会有不同的乐趣，而太完美时也是会乏味的。

利用相场与口径蚀自行创造散景特色

相场、口径蚀与像差是决定焦外成像的构成要素。如果仔细研究其实是可以自行控制而产生不同的散景成像出现。这些散景会依照不同的构图与焦段而产生不同的成像特色。

如果不懂这些光学原理，可以利用相场成像与口径蚀干扰原理，剪一小块各式各样的小黑色贴纸，贴在类似18mm-200mm或28mm-300mm的广角变焦镜头正中央，即可创造奇怪的散景。如果真的有兴趣的话，还可以再自行查询这些光学成像的真正原理。

◀72mm与2cm贴纸的比例，来做相场干扰焦外成像

Nikon D50、Tamron 28-300mm F3.5-5.6、170mm、F6.0、
1/125秒、ISO Auto、EV-0.7、光圈优先、矩阵测光
📍 台北阳明山苗圃
▲ 扩散性散景成像

Nikon D50、Tamron 28-300mm F3.5-5.6、200mm、F6.3、
1/3205秒、ISO Auto、EV-1.0、光圈优先、矩阵测光
📍 台北阳明山苗圃
▲ 螺旋型散景成像

Nikon D50、Tamron 28-300mm F3.5-
5.6、170mm、F6.0、1/125秒、ISO
Auto、EV-0.7、光圈优先、矩阵测光

📍 台北阳明山苗圃
▲ 花朵型散景成像

Nikon D50、Tamron 28-300mm F3.5-5.6、130mm、F5.6、1/250秒、ISO Auto、
EV-2.0、光圈优先、矩阵测光

📍 台北阳明山苗圃
▲ 不规则型散景成像

Nikon D50、Tamron 28-300mm F3.5-5.6、105mm、F5.3、
1/320秒、ISO Auto、EV-1.7、光圈优先、矩阵测光
📍 台北阳明山苗圃
▲ 黑洞型散景成像

Nikon D50、Tamron 28-300mm F3.5-5.6、185mm、F6.0、
1/400秒、ISO Auto、EV-1.0、光圈优先、矩阵测光
📍 台北阳明山苗圃
▲ 半月型散景成像

Part 02

情境摄影

实战——牛片入门修炼法

这个时候该怎么拍才对？想要那样的照片该如何拍摄？本部分将分别讲解多种情境的拍摄过程，包括静物摄影、生活摄影、人像摄影、动物摄影、婚礼摄影、风景摄影、夜景与烟火摄影、动态摄影等。

Chapter 05

静物摄影——静中有变 以静表动

静物拍摄可以囊括很多种类，但大部分都是以不动的物体为主，因为不动，所以对拍摄者来说相对比较好掌控，只要掌握光影、构图与曝光技巧，就不太容易出错。但是另一方面来说，静物摄影也是一种很难突破的摄影题材，因为静中必须有变，如何让静物摄影展现吸引人的角度，就要看拍摄者对于事物的观察能力，以及拍摄者个人对于摄影的独特领悟了。

5-1 食物摄影

有些人从DC升级为DSLR惟一的原因就是，就是想将每次大快朵颐美食的时刻，做最为真实且迷人的纪录，除自己品尝食物前最为感动的一刻，利用照片传达给每一个观者。

拍摄食物最需要注意的就是光影、景深与角度的拿捏。以对食物的光影控制来说，应该属菜市场的摊主最熟悉了，他们知道利用粉红色光源可以凸显蔬果肉类食品的新鲜程度，并进而吸引顾客上门。虽然光源的角度与色温的掌控会是食物摄影最重要的关键，但是一般餐厅跟商业摄影不一样，顾客不可能控制餐厅的光源与色温，因此该怎么善用环境拍出食物令人垂涎的真实感，就考验着拍摄者的创意了。

西式餐点类

Nikon D50、Nikkor AF 24mm F2.8、F2.8、1/20秒、ISO200、EV0、光圈优先、矩阵测光

📍 台北忠孝东路创意料理店

▲ 一开始拍食物照片时，会发现控制主角适当的大小是很难的，不同的食物有不同的特色。例如左图中，虽然感觉拍起来小小的很可爱，可总觉得缺了点力道；如果我们利用对角线构图法，把食器放到跟照片宽度差不多，会看起来感觉非常平衡稳定，如右图器皿中的亮黑色反射出的光泽会令人感觉是高级的美食

吉米小诀窍　一般人在餐厅拍美食时，不能像在家里或是棚内拍摄一样，可以随意控制相机与食物的距离，所以食物与镜头的距离几乎只能控制在座位到桌面的距离而已，这个时候使用广角镜头就比较不会捉襟见肘了，一般全画幅相机建议至少要50mm，APS-C画幅至少要35mm近摄距离的广角镜头。

Nikon D50、Nikkor AF 24mm F2.8、F2.8、1/80秒、ISO200、EV0、光圈优先、点测光

📍 台北忠孝东路创意料理店

◄ 刚开始拍食物时，常常会忘记把器皿拍完整，例如上图就没有完整感，因为器皿有种被切割的不平衡感。如果把整个器皿放在左上角黄金构图点的位置，然后稍微改变一下器皿角度如下图，整个高级感会被烘托出来了（为了让测光精确，使用了点测光并测在食材上）

Nikon D50、Nikkor AF 24mm F2.8、F2.8、1/13秒、ISO200、EV0、光圈优先、矩阵测光

◎ 台北忠孝东路创意料理店

▲ 食物的拍摄也可以利用不完整拍法，熟悉几何图形的稳定性后，不完整拍法反而会是一种构图创意，但是一定要熟练掌握完整器具的构图后再学习切割构图。左图中，虽然蛋豆腐在黄金构图点，但盘子与桌子的明暗比例并不稳定，还出现一个高亮反光点

在拍摄中间的照片时，尝试把自己的机位放低，将盘子转一点角度以平视角度去拍，感觉就相当不错了；右图是另一种拍法，让刀叉完整入镜，但是这有个缺点就是金属容易反光

Nikon D50、Nikkor AF 35mm F2、F2、1/80秒、ISO200、EV0、光圈优先、矩阵测光

◎ 台北市魔法咖哩忠孝店

▲ 在这种暖色系气氛的餐厅中，有时候白平衡是很难控制的。而构图中因为不想让整个背景只是白白的桌面，所以把杯子摆在接近桌子边缘的位置，另外为了避开桌角的尖锐感，可以利用借位的方式，让杯子去挡住桌角

Nikon D50、Nikkor AF 35mm F2、F2.8、1/4秒、ISO200、EV0、光圈优先、矩阵测光

◎ 高雄市五福路蓝色狂想

▲ 这种拍食物的构图很好玩，笔者戏称这种拍食物的方法为"外国的月亮比较圆"，因为总是会觉得别人的东西比较好吃。把食物放的远一点，利用大光圈让整个眼睛的对焦点在食物上，然后用等效约50mm的单眼视觉窥视角度拍摄，去营造好像在觊觎别人食物而流口水的感觉

日式餐点类

Nikon D50、Nikkor AF 35mm F2、F2、1/100s、ISO200、EV0、光圈优先、矩阵测光

▲ 东方食物最常吃的就是米饭了，而米饭最简单却也最难拍，因为米饭要好吃，就要白的晶莹剔透，但是否能白的正确就是重点了。左图虽然拍出晶莹剔透的感觉，但因为光源偏暖，让人会觉得怪怪的；右图利用白平衡校正后，就感觉是香喷喷的白米饭了

Nikon D50、Nikkor AF 50mm F1.8D、F1.8、1/10秒、ISO200、EV0、光圈优先、矩阵测光

📍 台北县汐止风林火山日式料理

▲ 通常这种长型鱼不管是不是用广角镜头，采取对角线构图会比较稳定。在盘中故意将盘上的字置于左下方的构图点，鱼眼则在右上方构图点，再用一块柠檬做连结，看起来比较不会那么单调（左图是暖黄色光源、右图是经软件白平衡校正）

吉米小诀窍　很多日式料理店为了制造气氛，常常使用黄色的光源，这种暖色系的气氛会让人觉得有种回家的温暖感。虽然白平衡校正很重要，可是有时候故意让这些光打在食物上而不校正，反而会觉得有种身临其境的感觉。但是喜不喜欢都是因人而异。

Nikon D50、Nikkor AF 50mm F1.8D、F1.8、1/15秒、ISO200、EV0、光圈优先、矩阵测光

📍 台北县汐止风林火山日式料理

▲ 利用对角线构图法，把饭团放在左上角的位置，而小黄瓜则约略在右下角相对的位置，两个饭团微微有点错开，并且露出烤得金黄的那面，这样食物看起来就觉得很不错

Nikon D50、Nikkor AF 50mm F1.8D、F1.8、1/13秒、ISO200、EV0、光圈优先、矩阵测光

📍 台北县汐止风林火山日式料理

▲ 因为是使用等效焦距为75mm的镜头又没有微距功能，为了能容入照片内，这里还是使用对角线构图。黄金豆腐如果都是摆在一平面，就会失去立体感，因此故意把它们堆起来，然后让沾酱放在后面的黄金构图点位置，这样会感觉有种堆积木的趣味感

Nikon D50、Nikkor AF 35mm F2、F4、1/30s與1/60s、ISO400、EV0、光圈优先、矩阵测光

◎ 台北市鱼僮小铺和平店

▲ 图中的两种拍法是利用窥探式的拍法，让人感觉好像是观望今晚碗里面是不是有什么特别的美味，另外用碗的边缘当前景去遮蔽后面的食物。记得要把碗转动方向，让重点食物（或鲜艳的颜色）安排在视觉最容易看到的点。例如，红色的鲑鱼，或是绿色的芥末，将它们置于黄金构图点上，可以让人感觉到日式料理的原味

Nikon D50、Nikkor AF 24mm F2.8D、F2.8、1/15秒、ISO800、EV0、光圈优先、矩阵测光

◎ 台北市烧网烧肉天母店

▲ 去日式烧肉店如果都只拍那些生的食材，一点都不会有胃口，但若只拍烤好的肉片也似乎失去了点乐趣。尝试看看将食物摆好在炉上，利用下面蓝黄色的火去烘托上面滋滋作响的烤肉，是不是觉得想要把照片中的烤肉拿出来吃了。但小心点，尽量用长焦端拍，避免镜头被油喷到

中式餐点类

Nikon D70s、Nikkor 35mm F2、F4、1/80s、ISO200、EV-0.3、光圈优先、矩阵测光

📍 台大医学院国际会议厅餐厅

▲ 如果这盘鸡肉，全部都是皮的话，颜色就少了点变化，将皮拨开一点点，然后让最大那块肉置于对角线的位置，其余的肉可以当作润饰，这样拍起来感觉就美味多了，但也因为拍摄地点位于高级餐厅，所以光源不会混乱，拍起来着实简单

Nikon 50、Nikkor 24mm F2.8、F2.8、1/80s、ISO200、EV0、光圈优先、矩阵测光

📍 台北大直柳之家虱目鱼粥

▲ 一次拍摄两组的食物，在摆设上可以运用前后景与对角线的安排方式。照片中以虱目鱼粥在右下角当前景，而煎虱目鱼在左上角当后景，并故意用汤匙让两者产生连结的感觉。一般而言，坐在桌位上拍食物用F4-F5.6的光圈差不多刚刚好，但是有时候现场光源真的太暗时，还是得用最大光圈来减低失败率

Nikon D50、Nikkor AF 50mm F1.8D、F2.8、1/50秒、ISO200、EV0、光圈优先、矩阵测光

📍 台北市雨声街吉祥小馆

▲ 台式餐点很难拍，原因不外乎光源不佳、环境杂乱以及器皿没特色，但是这可以考验摄影减法的功力。因为环境，所以这盘糖醋用俯视的方法拍，让整个桌面的单一色系去凸显这道菜的鲜艳颜色，并且尽量让颜色鲜艳的材料置于正中央。如果害怕光源颜色太乱，可用白色盘子的颜色确定白平衡有没有正确

Nikon D70s、Nikkor 35mm F2、F4、1/80s、ISO200、EV0、光圈优先、矩阵测光

📍 台北松山路阿万生鱼片

▲ 已经烤好的鱼如何让人感觉新鲜？可以利用大光圈镜头微缩的立体感特性，然后将食材摆于对角线位置，柠檬则在左下构图点位置，然后稍微让景深带到鱼翅，轻微的二线性散景有时候反而会让被拍摄对象有动起来的感觉

综合点心类

Nikon 50、Nikkor 35mm F2、F2、1/10s、ISO400、EV0、光圈优先、矩阵测光

📍 台北信义区咖啡树

▲ 因为是多人聚餐，总不能扫兴先叫大家清场，加上现场光源真的很暗，所以只好利用ISO400加上最大光圈F2来增加拍摄成功率。将牛角面包以不同方向摆放，然后将盘子放在右下方的构图点，为了以平视的方式来拍。故意不校正白平衡，让气氛带进照片中，如果类似左上角的那种点光源散景能多一点，拍起来会更梦幻

Sony NEX-5N、Sony 18-55mm、F3.5、1/60秒、ISO250、光圈优先、平均测光

📍 台北内湖区觉旅咖啡

▲ 有时候单纯拍摄食物会比较难让人融入某种场景中，如果可以搭配某些令人印象深刻的配件，某些情境反而应容易产生，例如搭配iPad，并刻意使用现场暖色光而不校正白平衡，照片可以让人有更悠闲的感觉

Nikon 50、Nikkor 35mm F2、F2、1/15s、ISO400、EV0、光圈优先、矩阵测光

📍台北信义区咖啡树

▲ 拍摄带着盘子的食物时，构图有一个小诀窍，就是让盘子刚好消失在照片的两边，而另两边与盘子的距离最好差不多（这里因为考虑蛋糕的高度，且要留边，所以上面留的边缘较宽），而要拍的主体或盘子的圆心刚好在其中一个的黄金构图点，另外在画面放只叉子，会让人有股冲动想要马上拿起来吃

Nikon D70s、Nikkor 35mm F2、35mm、F4、1/40s、ISO200、EV-0.7、光圈优先、矩阵测光

📍书房办公桌上

▲ 拍摄小零食时，可以利用这种双对角线的摆设方式，两个主体刚好在对角在线的两个构图点，因为拍摄距离与在餐厅吃饭时的拍摄距离差不多，所以利用F4光圈来拍摄，而由于桌灯光源是黄色的，所以用反光板做了白平衡校正，拍出来的照片就会是这种感觉

花卉摄影

在静物摄影中，花卉算是许多新手一开始最容易接触到的户外拍摄题材，除了在风中摇曳以外，花几乎不会动，所以花卉是户外摄影最为简单的拍摄题材之一。但也因为简单，所以花卉摄影的作品几乎随处可见，要在众多作品中凸显自己花卉摄影的特色，就必须要善用各种不同的构图方式组合，创造自己的作品风格。

通常拍摄花卉用的镜头大多是微距镜头，因为花是静止的，所以广角端的微距镜头（35mm或60mm）与望远程的微距镜头（105mm或180mm）都适用，如果想让拍花的角度更特殊，通常要想办法让花比拍摄位置高，或是利用背光来让花或叶子透光，以创造不同于一般花卉摄影作品的感觉。如果是背景较混乱的环境，则利用大光圈来减低环境干扰，若是环境优美，则把光圈缩小，让周遭环境可以与主体融合在一样。

一般花卉摄影都必须降低机位去做主体的摄影，就如同摄影师应该要尊重自己手中握有的相机，机位越低，拍摄者心态越谦虚，拍出来的作品就越与众不同。

由于大多数的人都以花卉摄影当作学习摄影技巧的重点，所以这章节以花型分类，并提供更多的照片实例。

Nikon 50、Nikkor DX 55-200mm F4-5.6、200mm、F16与F4.5、1/125s与1/1250s、ISO200、EV-0.7、光圈优先、矩阵测光

📍 台中石冈乡梅子村

▲ 如果拍花的环境很混乱，例如左图开启光圈F16时，后面的背景就会有点干扰主题，这时就可以利用放大光圈来减少背景干扰，如右图所示的效果，因为是200mm望远焦端，所以F4.5的光圈仍然会有散景出现

Nikon D70s、Nikkor 35mm F2、35mm、F4、1/40s、ISO200、EV-0.7、光圈优先、矩阵测光

📍 苗栗南庄歇心茶楼

▶ 通常拍摄时，新手都会被告诫不要逆光拍摄，但是拍植物时，尝试去观察一下植物背光的角度，让花或叶子透光，常常会有意想不到的场景出现。但想有背光效果而主体却不会一片黑的控光技术，这经验就得要慢慢累积了

金针

　　金针的开花期在八月至九月，而八月十五日左右常常会是各大摄影团前往花莲赤坷山与六十石山拍摄金针的时候。

Nikon D50、Nikkor AF 35mm、F4、1/500秒、ISO200、EV0、光圈优先、矩阵测光

♀ 花莲六十石山

▲ 金针的特写是很多人一定都会拍的，如果总喜欢用大光圈或望远焦段来拍，这时候不妨尝试利用广角焦段接近花朵，将整个花以约45°的方向呈现在画面中，让太阳从斜上照射，合焦在花蕊处，而花蕊约在黄金构图点附近，然后缩光圈约F4-F5.6之间，会感觉花特别有立体感

Nikon D50、Nikkor AF 35mm、F2、1/320秒、ISO200、EV0、光圈优先、矩阵测光

♀ 花莲六十石山

▲ 单花特写，有时候再带点现场的景，会有种舍我其谁的感觉。蹲下来与花齐高，用平视的方式将花梗置于构图线上，而最重要的是让花落在左上方的黄金构图点上，让花梗平行于取景器的边缘避免歪斜，这种单一黄色对比一整片绿色的凸显感，会特别引人注意

Nikon D50、Nikkor AF 35mm、F4、1/4000秒、ISO200、EV0、光圈优先、点测光

♀ 花莲六十石山

▲ 拍摄时已考虑使用HDR做后期处理，利用点测光测于天空暗处以保留天空细节。另外因为已超过1/4000秒的机身极限，所以必须将地面的比例增多直到1/4000秒的快门速度拍摄，借以拍摄出金针花在蓝天白云下的感觉

Nikon D50、Nikkor AF 35mm、F2.8、1/1250秒、ISO200、EV0、光圈优先、矩阵测光

♀ 花莲六十石山

◀ 如果想要去营造一种花团锦簇却又可以让主角一枝独秀的感觉，广角真就比望远好用多了。寻找一朵花，让它可以跟其他的花或背景有点距离；然后用平视的方法，将花与镜头平行，让花苞开的方向朝向相机，利用左合焦点合焦在花蕊上。最好是主体与背景中没有近似颜色的重迭，但如果碍于构图限制，要牺牲哪一项就全在拍摄者的抉择了

樱花

樱花大约在二月至四月开花，此时也是最多拍摄者前往日本赏樱的时候，如果无法前往日本赏樱，阿里山、玉山新中横路段，以及台北淡水天元宫也是很好的赏樱选择。

Nikon D70s、Nikkor DX 55-200mm F4-5.6、55mm、F4.5、1/640秒、ISO200、EV0.3、光圈优先、点测光（使用Marumi +4 Clouse up滤镜）

📍 台北淡水天元宫

▶ 通常樱花盛开时会长得比较密，如果想要拍特写，可以使用长焦段来压缩背景，并使用较大的光圈来凸显主体。因为樱花是属于垂挂式的花卉，如果直接由下往上拍常常不太好控制曝光，这里利用曲线构图，从左上方开始，并使主体的那朵花位于右上方的黄金构图点，尽可能不要切割到绽放完全的花，而刚好蓝天与粉红花色搭配出来的散景会非常浪漫

Nikon D70s、Nikkor DX 55-200mm F4-5.6、55mm、F4.5、1/320秒、ISO200、EV0.3、光圈优先、点测光（使用Marumi +4 Clouse up滤镜）

📍 台北淡水天元宫

▲ 樱花还可以利用好几朵一起当主体，但是通常角度要找好，至少不要正对着花拍摄，否则会失去花的立体感，最好是让花面向的一侧，预留一点视向空间，看起来会比较不会有压迫感

Nikon D50、Carl Zeiss Jena 135mm F3.5、F3.5、1/500秒、ISO200、EV-0.3、光圈优先、矩阵测光（手动镜头转接AF自动对焦机构）

📍 台北淡水天元宫

▲ 在拍摄这些主体时，也可以利用一些环境元素来营造不同的气氛，例如上图中使用背景里的黄色窗框，让人感觉有类似十字架存在及鹅黄色的温暖感，所以在拍摄过程中可以尝试去找不一样的背景来搭配

Nikon D70s、Nikkor DX 55-200mm F4-5.6、145mm、F5.3、1/500秒、ISO200、EV0.3、光圈优先、矩阵测光

◎ 台北淡水天元宫

▲ 这里开始尝试使用比较复杂的构图方式，为了创造前后景夹带主体的方式来构图，使用145mm的焦距，而不使用200mm来让场景稍微大一点，再利用前景产生一点点模糊遮蔽，以及后景有蝴蝶的小花团，会让人有种窥视的感觉。再利用边缘有点失光的特性，会有在棚内打背景光的感觉，拍起来的画面很像百货公司樱花季的广告（如果需要完美无暇，可以把下方无法避免的杂枝在后期处理时去降）

Nikon D70s、Nikkor DX 55-200mm F4-5.6、55mm、F4.5、1/250秒、ISO200、EV0.3、光圈优先、点测光（使用Marumi +4 Clouse up滤镜）

◎ 台北淡水天元宫

▲ 在拍花的时候时常会出现蜜蜂，这通常会是摄影师最高兴也最想要把握的时刻，但蜜蜂速度都很快，如果手边没有对焦速度快且准的镜头，尽量使用中央对焦点，并采用连续对焦与连拍模式。当然如果来得及构图还是要注意，有时为了把握时机时可能没时间找角度，让主体在正中央即可，重点是主体要清楚、最高像素要高，有利于后期处理时再裁切成稳定构图

Nikon D70s、Nikkor VR 24-120mm F3.5-5.6、24mm、F4.5、1/400秒、ISO200、EV-0.3、光圈优先、矩阵测光

◎ 台北淡水天元宫

▲ 这里利用仰拍法来拍摄天元宫，因为等效约35mm的焦距无法容纳整个宫殿，这里选择裁切，并且利用花丛来搭配出一种在樱花林中的天元宫，这种构图需要注意两点：避免顶天立地的压迫感（上面要预留一点点空间），以及注意使建筑物保持水平

梅花

梅花花季约在十月到次年二月，比较有名的地点是新社乡二苗圃与南投信义乡的风柜斗。

Nikon D50、Tokina 12-24mm F4、F4、1/1250秒、ISO200、EV-1.0、光圈优先、矩阵测光

○ 日本京都北野天满宫

▲ 如果善用广角镜头，可以利用花带景的方式，来拍出一种特别的感觉。照片在拍摄当初考虑到后期处理的需要，故意将曝光度降了1EV，让背景维持在曝光略暗的感觉，再利用Nikon Capture NX的色彩控制点，将花的曝光调高，制造出新的高亮区

Nikon D50、Nikkor DX 55-200mm F4-5.6、120mm、F18、1/160秒、ISO200、EV-0.3、光圈优先、矩阵测光（使用Marumi +4 Clouse up滤镜）

○ 日本京都北野天满宫

▲ 这种类似雨伞式的花卉拍摄构图法很容易失败，因为会感觉比较没有生气。如果利用背光透射效果以及盛开的花朵，则可以营造一种整个被花盖满的感觉

Nikon D50、Nikkor DX 55-200mm F4-5.6、100mm、F3.5、1/500秒、ISO200、EV-0.3、光圈优先、矩阵测光

○ 日本京都北野天满宫

◀ 有时候最好看的不一定是花的正面，尝试一下用不同的视角与拍摄角度，常常会有出人意料的感觉。左图中善用背景中的黄绿色，让花梗位于对角线上，以及让花与花苞位于构图点位置，让人觉得腼腆婉约外，还有种想把花翻过来看的感觉

Nikon D50、Tamron 28-75mm F2.8、48mm、F2.8、1/4000
秒、ISO200、EV-1.0、光圈优先、矩阵测光

📍 日本京都北野天满宫

▲ 图中利用大光圈让背景虚化来凸显立体感，梅花的主体整个安排
在左边的黄金构图在线，而利用花梗本身的形状来体现整个的放射
线构图法

Nikon D50、Tamron 28-75mm F2.8、29mm、F2.8、1/4000
秒、ISO200、EV-1.0、光圈优先、矩阵测光

📍 日本京都北野天满宫

▲ 在拍摄花卉时也可以利用广角，并利用前景与后景的搭配，让主
体位于中间，会有种一枝独秀的感觉

Nikon D50、Nikkor
DX 55-200mm F4-
5.6、55mm、F18、
1/100秒、ISO200、
EV-0.3、光圈优
先、矩阵测光（使用
Marumi+4 Clouse
up滤镜）

📍 日本京都北野天满
宫

▶ 利用前景来让背后
的梅花有种一枝独秀
的感觉，而花面向的
视向空间中，故意安
排了一只同方向的花
梗，会感觉有种从花
散发出某种东西的感
觉，图中的构图还刻
意考虑了阳光的方
向，刚好投射在整个
花面上，利用阳光形
成的高亮区域来凸显
整个主题的感觉

荷、莲花

Nikon D50、Tamron 500mm F8、1/320秒、ISO800、EV0、光圈优先、中央重点测光
（NoiseWare软件去噪声）

📍 台北植物园

▲ 荷花通常都是长在水潭中，所以拍摄荷花最好是利用望远至超望远焦端来拍摄，图中利用枯萎的荷叶将花衬托得更加鲜艳，另外背光的花瓣使花卉更具质感，而使用折返镜头拍摄，常常会出现俗称甜甜圈的浪漫散景，会感觉很有中国风的水墨画效果

Nikon D50、Nikkor DX 55-200mm F4-5.6、200mm、F11、1/320秒、ISO 200、EV-1.0、光圈优先、矩阵测光（使用Marumi +4 Clouse up滤镜）

📍 台北植物园

▲ 要拍这种照片通常需要1:1的微距镜，但如果没有，可以尝试利用便宜的200mm以上望远焦段，然后加上Close up滤镜，记得要缩小光圈。这种拍法会特别有一种一花一世界的感觉

Nikon D50、Tamron 500mm F8、1/400秒、ISO200、EV0、光圈优先、中央重点测光

📍 台北植物园

▲ 白色的莲花要拍好最难，因为白色的花最容易让细节完全消失，而变成死白的一片。在高反差的低光源背景环境下，不会导致测光补偿而造成过曝，最好使用中央重点测光或是点测光，去保留白色区域的细节，另外拍这样的构图，花梗最好有点倾斜，而且留一点视向空间

Nikon D50、Tamron 500mm F8、1/400秒、ISO200、EV0、光圈优先、中央重点测光

📍 台北植物园

▲ 这是一种俗称富贵无边的拍法，一反常态地不让花朵完整呈现，让花几乎占满整个照片，但记得重点最好是摆在黄金构图点上，图中因为花有面向，所以保留了右上的一点视向空间。这样的拍法会令人有一种非常气派的奢侈感，非常适合拍摄夸大花卉或花型很大的花朵

Nikon D50、Tamron 500mm F8、1/320秒、
ISO800、EV0、光圈优先、中央重点测光

⊙ 台北植物园

◀ 使用折返镜头的二线性散景特色，以及ISO800噪声的
特性去拍摄枯萎的荷叶，会有种类似地狱的恐怖感

Nikon D50、Nikkor DX 55-200mm F4-5.6、
165mm、F8、1/500秒、ISO200、EV-0.7、光圈
优先、矩阵测光

⊙ 桃园观音乡

▼ 莲花最适合拍摄的时候是清晨五六点时，接近中午
则闭合，所以也不是随时都可以拍的。但莲花也可以
尝试拍摄闭合的花苞，利用仰视的角度，让花高于镜
头，然后让背景中的荷叶与天空的比例略为1:2，
记得让花梗在井字构图线上，而花苞则落于黄金构图
点上

Nikon D70s、Nikkor 35mm F2、1/8000秒、
ISO200、EV0、光圈优先、矩阵测光

⊙ 桃园观音乡

▲ 要拍一群的花跟用好广角镜头一样的难，是因为杂
物太多。但如果一味的使用特写拍法也会失去了乐
趣。画面中因为白色花属于最亮色，所以不以粉红色
花为主体，但利用粉红花当对角线的前景，去烘托出
位于左上黄金构图点的白花。并且为了保留白花的细
节，所以降了0.7EV

桐花

　　桐花约是六月到七月为盛开期，主要分布在台湾岛北部的客家县市，目前比较多人前往拍摄的地区有北县土城以及苗栗南庄。

Nikon D50、Nokkor AF 50mm F1.8D、F2.8、1/320秒、ISO200、EV0、光圈优先、矩阵测光

📍 苗栗南庄

▲ 桐花一般称为五月雪，因为它落下的时候最好看，所以通常让光源约为由上往下偏一点照射（顶斜光），然后注意白色花朵的细节要保留，还要注意花的构图位置，这样拍出来就会很不错了

Nikon D50、Nokkor AF 50mm F1.8D、F2.8、1/320秒、ISO200、EV0、光圈优先、矩阵测光

📍 苗栗南庄

▲ 图中利用左上方的桐花家以及右下方的新鲜桐花体现平行对角线的构图，利用苍老让花样年华更有想象空间。很多场景可能没那么幸运可以遇到，但是像上图这种场景可以自己安排出来，但是绝对不要去摘还没落下的花朵，毕竟摄影不只是为了摄影，还要保护环境，让资源永续

Nikon D50、Nokkor AF 50mm F1.8D、F2.8、1/125秒、ISO200、EV-0.7、光圈优先、矩阵测光

📍 苗栗南庄

▲ 这种拍法可以称之为移花接木，将掉落下来的花放到漂亮的叶子上，微缩光圈凸显立体感，降低EV让白色更突出，然后将花面向的左下角留下一些可以想象的空间，这样会让主体更加抢眼

Nikon D50、Nokkor AF 50mm F1.8D、F4、1/400秒、ISO200、EV0、光圈优先、矩阵测光

📍 苗栗南庄

◀ 桐花在还没有落下之前不好拍，因为此时树上的桐花看上去只是白色小点点，但试试利用一下前后景、建筑物，再加个人物，整个桐花季的感觉就出来了

Nikon D50、Nokkor AF 50mm F1.8D、F2.8、1/500秒、ISO200、EV-0.7、光圈优先、矩阵测光

📍 苗栗南庄

▲ 如果把桐花放在手上，利用对角线构图，花的位置约略在构图点附近，然后降低EV值可以凸显桐花的白色，再缩小光圈，这种手掬五月雪的感觉就出来了

Nikon D50、Nokkor AF 50mm F1.8D、F2、1/50秒、ISO200、EV0、光圈优先、矩阵测光

📍 苗栗南庄

▲ 桐花还有一个漂亮的地方，就是落下的时候，毕竟静态的照片很难拍动态的桐花雪，尝试一下把快门下降至1/50秒左右，相机稍微跟着桐花落下的速度与方向追焦拍摄，动态的桐花雪就会出现了

海芋

　　海芋的花期很长，大约是在十二月到次年的五月之间，最有名的拍摄地点就属阳明山的竹子湖。

Nikon D50、Nikkor DX 55-200mm F4-5.6、200mm、F11、1/400秒、ISO200、EV0、光圈优先、点测光

📍 台北阳明山阳金公路

▲ 如果要拍海芋特写就可以利用这种拍摄方式，将整朵花占满二分之一的画面，并保留左半边的视向空间，缩小光圈到F11左右，让背景的叶子除了可以做颜色陪衬，外还可以清楚的看出叶子的轮廓，这张照片的重点就在于如何控制曝光，让海芋的白色细节部分几乎完全保留，而且下半部的透光还可以清楚显示出脉络

Nikon D50、Nikkor VR 24-120mm F3.5-5.6、120mm、F11、1/640秒、ISO200、EV0、光圈优先、矩阵测光

📍 台北竹子湖

◀ 富贵无边的拍法很适合这种瓣大的花朵，因为海芋有个开口，可当作是视向空间把左边预留给背景的绿叶。这张照片想要表现出一种海芋吸引人的漩涡感，看看着看就很容易被吸引。重点是曝光如何保留这一大片难以控制的白色，可以用点测光

Nikon D50、Nikkor DX 55-200mm F4-5.6、105mm、F4.8、1/250秒、ISO200、EV-0.3、光圈优先、矩阵测光

📍 台北阳明山阳金公路

▲ 海芋与其他的花卉相比，算是比较没有特色的花朵，而且整朵花面全白，很容易就失去了主题。这里利用约2/3的前景去带领后面的1/3背景，这样不仅有特写效果，还带入一片海芋田的感觉。虽然是四朵的组成，但是最清楚的部分约略位在构图点的位置

Nikon D50、Tokina 12-24mm F4、12mm、F8、1/200秒、ISO200、EV-0.7、光圈优先、矩阵测光

📍 台北阳明山阳金公路

▲ 广角端的拍法总是考验着摄影师的创意，想要特写，又想要全景入画面，记得缩小光圈，让山与花刚好在三分构图线的上下两条在线，这样海芋的特写就融入大景之中了。降低0.7EV，天空与海芋的细节也会被保留下来

百子莲

　　百子莲俗称爱情花，花期大约是在六月至八月。百子莲到处都有，只是大家都忽略了其拍摄美感。

Nikon D50、Topcon Topcor 58mm F1.4、F2、1/1000秒、ISO200、EV0、手动模式、矩阵测光

○ 台北大安森林公园

▲ 这种拍摄方法一点也不稳定，也没什么创意，但是却可以很吸引人。除了微缩光圈来凸显立体感外，由上往下微偏正面的角度，会使花苞看起来快凸出画面来

Nikon D50、Nokkor AF 50mm F1.8D、F1.8、1/2000秒、ISO200、EV-0.3、光圈优先、矩阵测光

○ 台北大安森林公园

◀ 二线性散景超强的入门大光圈镜头，刚好适合这种印象派的拍法，让花有点倾斜，花朵整个落于上方对焦点的中心点，形成正中稳定构图，虽然平稳，却因为散景中的动态挥洒让这爱情花有种迎风摇曳的感觉

Nikon D50、Nokkor AF 50mm F1.8D、F1.8与F2.8、1/4000与1/1600秒、ISO200、EV-0.3、光圈优先、矩阵测光

📍 台北大安森林公园

▲ 总是习惯用大光圈的朋友，下次尝试看看缩小光圈，又会让人感觉有种特别的立体感。左图因为F1.8光圈太大而使花蕊模糊，失去了主体重心。右图的光圈缩到F2.8，整朵花是不是清楚多了？纵然没有迷人的超模糊散景，可是主体是不是比散景更重要

Nikon D50、Nokkor AF 50mm F1.8D、F1.8、1/3200秒、ISO200、EV-0.3、光圈优先、矩阵测光

📍 台北大安森林公园

▶ 主体没有一定的规律，因个人的喜好而异。上图中让白色花苞当主体，会有种数大便是美的感觉；而下图中则以紫色的花苞做主体，虽然清楚的部分少，但在一片绿当中，紫色就特别凸出。但是这种超大光圈的模糊式拍法尽量少尝试，除非真的主体很明显，不然看的人常会摸不着头绪

阿勃勒

　　来自印度的阿勃勒俗称黄金雨，花期约在五月至八月，是一种很高级的行道树，跟大花紫薇是同一花期。几乎很多小区都会有种植，但每年六月俗称"黄金小镇"的苗栗公馆都会聚集不少摄影师。

Nikon D50、Nikkor DX 55-200mm F4-5.6、200mm、F8、1/200秒、ISO200、EV0、手动模式、矩阵测光

📍 苗栗公馆乡

▲ 阿勃勒是属于垂挂式的植物，所以常常区要背光拍摄，通常为了让背光的花清楚一点，牺牲天空的蓝有时候也是必须的。另外可以尝试看看M模式的拍摄方式，让自己学习一些相同场景在不同控光下的表现

Nikon D50、Nokkor AF50mm F1.8D、F4、1/500秒、ISO200、EV-0.3、光圈优先、矩阵测光

📍 台北大安森林公园

▲ 垂挂式植物最好玩的就是可以像珠帘一样，将它垂挂下来在井字构图中右侧的垂直构图线上，并找棵大树当后景在左构图线上，而上方的黄与下方的绿也约略各占1/3。这样的画面虽然稳定，却有种俏皮的浪漫感

Nikon D50、Nokkor AF 50mm F1.8D、F4、1/1000秒、ISO200、EV-1.0、光圈优先、矩阵测光

◉ 苗栗公馆乡

▲ 如果构图要凸出创意，就要找到不一样的视角与场景。这张照片利用弯曲凸出的树梗从右到左弯曲延伸，消失点则大约在左构图点上的阿勃勒花，再利用背后透光的叶丛来制造模糊光点，这样会很像有人在后面拿起钓竿吊起了阿勃勒的感觉

Nikon D50、Sigma 18-50mm F2.8 Macro、50mm、F2.8、1/1000秒、ISO200、EV0、光圈优先、矩阵测光

◉ 苗栗公馆乡

▲ 借助一只手来捧起阿勃勒，让手在大约对角线的位置，而地面的阿勃勒刚好可以当作黄色的星点，这种拍法很适合来描述现场不期的浪漫感

Nikon D50、Nikkor DX 55-200mm F4-5.6、55mm、F4.0、1/250秒、ISO200、EV-0.3、光圈优先、矩阵测光

◉ 苗栗公馆乡

◀ 如果利用视向空间的延伸感，将机位摆低，对焦在近处的地上，这种落英缤纷的感觉加上延伸至远处的车子，会有种悠远的感觉

波斯菊

波斯菊的花期约在八月至十一月，分布地区很广。

NikonD70s、Nikkor DX 55-200mm F4-5.6、165mm、F8、
1/320秒、ISO200、EV0、光圈优先、矩阵测光

📍 台北阳明山仰德大道旁

▲ 这种特写是要把波斯菊的特色通通表现出来，但尽量不要让花在
正中央，留下左侧或右侧的空间才不会有压迫感，一定要记得这种
特写式的拍法，花的细节必须要非常清楚，所以控光就是诀窍了

NikonD70s、Nikkor DX 55-200mm F4-5.6、90mm、F8、1/800
秒、ISO200、EV-0、光圈优先、矩阵测光

📍 台北阳明山仰德大道旁

▶ 利用可以显示花脉的背透光，采取仰角的视角，让某一只刚好有蜜蜂
的波斯菊凸出在花丛中，产生在风中摇曳的一枝独秀的画面，右边留一
点点树干会比较有种稳定和藏匿窥视感

Nikon D50、Tam-
ron 28-75mm F2.8、
75mm、F2.8、1/500
秒、ISO200、EV0、
光圈优先、矩阵测光

📍 台北华山艺文中心

◀ 天女散花式的拍法，
让没有主角的场景也
变成一种主题，这种
拍法非常适合拿来当
作背景图或是桌面

薰衣草

薰衣草的花期约在三月至六月。

NikonD70s、Nikkor VR 24-120mm F3.5-5.6、120mm、5.6、1/640秒、ISO200、EV0、光圈优先、矩阵测光

◎ 台北竹子湖

▲ 当拍摄者不太会构图时，常常惯用长焦端来拍这种近照，虽然薰衣草的重点特色是要一大片而不是这样的拍摄方式，但是至少在前后景中出现互相对比的两棵薰衣草，视觉上不会太单调

Nikon D50、Carl Zeiss Jena135mm F3.5、F3.5、1/1000秒、ISO200、EV0、手动模式、矩阵测光

◎ 台北士林官邸

▲ 一大片都是薰衣草的拍摄照片可能并不少见，尝试把视角拉高，让其他不属于薰衣草的颜色出现在背景当中，也会有种不错的融入感

Nikon D50、Nikkor VR 24-120mm F3.5-5.6、70mm与100mm、F5.6、1/400与1/500秒、ISO200、EV-1.0、光圈优先、矩阵测光

◎ 台北竹子湖

▲ 竖拍会有种不稳定感，但是却适合好动的画面，熏衣草植物属于长形，利用这样的构图方式，再使用不同的视角，就会出现不同的感觉，因为颜色相同的元素太多，记得尽量利用大光圈让主体拉离背景当中

Nikon D50、Nikkor VR 24-120mm F3.5-5.6、52mm、F5.0、1/640秒、ISO200、EV0、光圈优先、矩阵测光

◎ 台北竹子湖

▲ 横拍有非常稳定的感觉，利用比较广的视角拍摄，让主角在左边的井字构图线上清晰地站立着，塑造一片大景中那种"众人皆醉我独醒"的感觉

其他植物

Nikon D50、Sigma 18-50mm F2.8 Macro、50mm、F2.8、1/4000秒、ISO200、EV-0.3、光圈优先、矩阵测光

▲ 以花带景的运镜方式还有这种方法，利用比例非常小的花去带出整个景，花虽小但不会被整个景淹没，花整朵都是亮色系的，所以会成为视觉中心的焦点，但记得还是要注意曝光，以免白花细节完全消失

Nikon D50、Nikkor 24mm F2AIS、F2、1/640秒、ISO200、EV0、手动模式、矩阵测光

♀ 台北大安森林公园

▲ 善用镜头特色有时也会是一种成功的构图方式，因为Nikkor 24mm F2 AIS这支镜头的大光圈像差与口径蚀的关系，在拍摄花的过程找寻一个规律且有曲线的背景，就会拍出这种红花好像在黄绿色火焰中错觉

Nikon D50、Nikkor VR 24-120mm F3.5-5.6、32mm、F4.5、1/2000秒、ISO200、EV0、光圈优先、矩阵测光

♀ 台中神冈乡

▲ 稻草虽然不是花，但是让自己蹲在稻田里，然后利用仰角的方式拍摄，天空比例约占三分之一，可以拍出这种"只缘身在此山中"的感觉

NikonD70s、Nokkor AF 50mm F1.8D、F2.8、1/250秒、
ISO200、EV0、光圈优先、矩阵测光

◯ 台北奥万大

▲ 枫叶通常是拍红色的枫叶，但有时候在枫叶还没红时拍起来也很
有感觉。让最大的主叶放在右上方的构图点，整个花梗偏向对角线
构图，让光线约略造成其他叶子有背光效果，背后是树丛透出的点
光源，虽然不是秋天却也有种浪漫的感觉

Nikon D50、Tamron 500mm F8、1/250秒、ISO800、EV0、
手动模式、中央重点测光

◯ 台北植物园

▲ 这是利用折返镜头的二线性散景的混乱特性，去拍这种有皱折的
叶子，会出现类似震动感觉的特别照片

Nikon D50、Carl Zeiss Jena35mm F2.4、F2.4、1/640秒、ISO200、EV0、手动模式、矩阵测光

◯ 台北阳明山

▲ 这种低角度拍法特别让人回味，但是通常必须有趴在地面的心理准备，将光圈开大对焦在主体上，景深延伸可以利用对角线的安排方式，
然后注意测光范围，让植物出现类似人像拍摄的发丝光（利用光源去增加毛发边缘的亮度），会有种驻足流连的感觉。如果想要拍得轻松一
点，可以加上垂直观景器

5-3 公仔摄影

　　刚买回相机时，很多人一定会迫不及待地拿出公仔来测试相机的特性，所以在室内静物摄影中，公仔是许多新手第一个会接触到的题材。

　　有两个要点是每个拍摄者所必须学习的：第一个就是光影的控制，当拍摄者可以调控出不同角度的光影搭配后，公仔的立体感就会自然呈现；而另一个就是视觉水平的善用，说简单一点就是把镜头与公仔水平，让自己的高度融入公仔的高度，这时会发现公仔似乎就活了起来。

Nikon D50、Nokkor AF 50mm F1.8D、F1.8、1/400秒、ISO200、EV0、光圈优先、点测光

▲ 一般人拍摄公仔不可能像在摄影棚一样把背景完全单纯化，但我们至少要找个地方让背景可以不干扰主体，或是像图中利用后面的台灯光线，加上平视效果，将公仔的特色可以简单地凸显出来

Nikon D50、Sigma 18-50mm F2.8 Macro、18mm、F2.8、1/20秒、ISO200、EV-0.3、光圈优先、矩阵测光

📍 熊熊工作室台北光复店

▲ 找到一个不同的背景，但是还是要注意水平，不要让重点文字被切割，也要注意公仔的位置，这样也可以拍出不同的味道

Nikon D50、Sigma 18-50mm F2.8 Macro、18mm、F2.8、1/15秒、ISO200、EV-0.3、光圈优先、矩阵测光

📍 熊熊工作室台北光复店

▲ 有时候把公仔拟人化，尝试用它们的视角去看这个世界，拍出来的照片就会有一种梦幻般的童话感

Nikon D50、Nikkor35mm F2、F2、1/1600秒、ISO200、EV0、光圈优先、矩阵测光

◀ 如果想要拍摄网拍用的悬挂公仔，可以尝试把它吊在包包上，这样看到的人也会感觉吊起来后的效果就是这样，至少会感觉像还原现场的效果，而不会让拍卖网上的照片看起来像是过于美化或伪装的

Nikon D50、Sigma 18-50mm F2.8 Macro、24mm、F2.8、1/30秒、ISO200、EV-0.3、光圈优先、矩阵测光

▲ 有时候换个不同的角度，也会拍摄出不同的感觉，但是构图的稳定性还是一样的，例如大熊的眼睛部分会在上面构图点附近，而爱心小熊的位置则会在下面的构图点上，稳定构图不是既定的规则，但是有时候却可以大显身手

Nikon D50、Leica Summicron-R 50mm F2、F2、1/30秒、ISO200、EV0、手动模式、中央测光（手动镜头改装F-mount）

▲ 有时候也可以尝试让公仔融入生活环境中，以一种仰视的方法去拍，感觉这个公仔特别有感情，好像生活中的伙伴一样

Nikon D50、Topcon Topcor 58mm
F1.4、F2.8、1/320秒、ISO400、
EV0、光圈优先、矩阵测光

📍 书房办公桌

▶ 找个暖色系的黄色光源，随便找个地
方，只要单纯，甚至是电脑屏幕的一角
也行，这样拍感觉特别温暖舒服

Nikon D50、Leica Summicron-R 50mm F2、F2、1/30
秒、ISO200、EV0、手动模式、中央测光（手动镜头改装
F-mount）

📍 办公室

▲ 尝试把疗伤系的公仔直接融入原本就该在的地方，利用大光圈
的效果，去凸显公仔与环境融合的亲切感

Olympus E-300、Carl Zeiss Jena 135mm F3.5、F3.5、1/80秒、
ISO100、EV0、光圈优先、矩阵测光（手动镜头改装F-mount）

📍 台北101大楼旁的停车场

▲ 去找一个故事，一个自己想要描述的故事，当这个故事被成功地描述
后，这张公仔照片就会表达出拍摄者的情感。例如，照片中的公仔是一
个被遗弃在停车场的鸭子娃娃，从拍摄者个视线中可以看到娃娃相信抛
弃它的主人一定会回来的期待与忧郁夹杂的感情

网拍摄影

　　网络拍卖通常会成功的原因不外乎是因为产品优秀与价格便宜，但是常逛网店的人一定会发现一件事，当这些商品都很棒、很便宜时，因为无法现场把玩，通常就会选择把商品照片拍得最漂亮并凸显特色的那一个。因此拍摄网拍所需的图片需要展出性的功能性比较强，通常都是组图，只要够亮，颜色够鲜艳即可。

　　网拍除了为销售服饰服务的人像拍摄外，几乎都是偏向于体积较小型的物品拍摄，由于一般业余卖家可能负担不起商业摄影棚的拍摄费用，因此如何利用身边的东西来凸显商品主题与灯光和背景的控制，就是一个很重要的技术了。

白色系商品

Nikon D50、Sigma 18-50mm F2.8 Macro、42mm、F2.8

📍 书房办公桌

◀ 拍白色物体时，为了要凸显商品特色，最好使用黑色的背景，这里很简单的只铺了一个写书法用的黑布，让发光源在不反光的位置。左上角盒子的图，因为网拍常常需要提字，所以预留了左右空间来方便加上产品字样；右上角的图则尽量把物体放置在标准构图点，不要拍平面，至少有个侧边的角度，而且让产品特色表现出来；左下图是商品的特写，利用大光圈去营造产品的高级感

吉米小诀窍　利用变焦且有微距效果的镜头拍微距时，如果对详细规格形状没有特别要求，想要拍物带景则用广角端，想要不受背景干扰则使用望远程。如果对于线条变形有特别要求时，务必使用50mm左右的焦段拍摄，这样不会产生变形现象。

黑色系商品

Nikon70s、Nikkor 35-85mm F4-5.6、42mm、F5.6

▲ 在拍摄黑色物体时可以使用白色的背景，在桌面上铺一张白布，控制光源侧面在不会反光的位置，或是正上方并加上透明描图纸当柔光罩

第一张图把Logo特色放在正中央，但是让带子以斜角构图；第二张图要拍出止滑泡棉的纹路，所以要用点测光在黑色位置上；第三、四张图则利用对角线构图法来拍出整个肩带卡榫的特色，记得零件位置要安排一下

电子商品

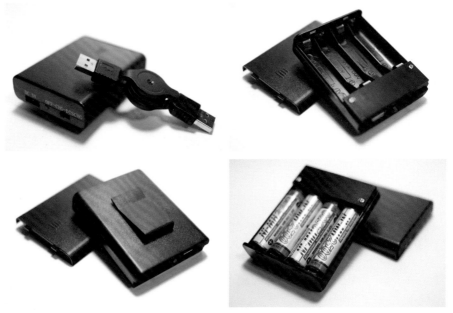

Nikon D50、Sigma 18-50mm F2.8 Macro、42mm、F2.8

▲ 这类商品通常需要功能与配件展示，因为商品是黑色，我们以白色西卡纸来铺底。第一张图将配件堆成山字形，第二张图则展示主体正面，第三张图展示主体背面，最后一张图则是需要展示该物体的真正功能。记得黑色与白色最容易出错，因为常常都是细节没有保留下来

盒装商品

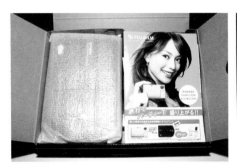

Nikon D50、Sigma 18-50mm F2.8 Macro、38mm、F8、SB800跳灯75°

▲ 像这种盒装的高档商品，最好是找一张渐度纸铺底，然后用斜向的角度拍，尽量不要用正面拍摄，另外第二张则拍开启后的样子，一般新品大家不喜欢拿出来，所以最好物品不要拿出来拍，直接连结到官方网站，或利用官方照片比较好

镜头商品

Nikon D50、Tamron 28-75mm F2.8、75mm、F2.8、SB-800跳灯75°

▲ 镜头虽然是黑色的，但为了凸显高级感，通常还是使用黑色当底色。第一张图通常要拍出最大光圈位置以及相关的标线部分；而第二张图则是采取由前镜看穿后镜的角度，让客户知道镜片的状况；第三张图对于某些喜欢买二手商品的客户最有吸引力，找个可以使多层镀膜反光出特别颜色的角度，通常这个颜色会非常吸引人

5-5 | **商品摄影**

商品摄影又可以称做商业摄影（商摄），商品摄影强调的是光与影的配合，一般拍摄这些作品的专家都是控光非常强的高手，而且通常有自己专用的摄影棚，以及昂贵的棚灯与灯光设备。要学商品摄影的门槛是非常高的，除了构图与光源控制外，还有很多都是一般摄影接触不到的，例如金属反射消除（消光剂）或无影摄影控制等。

毕竟在目前这个阶段中，一般拍摄者是没有办法拥有这么昂贵的设备，但如果能善用身边环境的资源以及一些摄影的巧妙构思，也是可以在自己的书桌上，拍出比较专业的商品照的。

商品摆设

Canon 5D、Tamron 90mm F2.8、F8.0、ISO100、光圈优先、重点测光

商品的摆设是非常重要的，尤其是选对配件，以及利用相对的角度或是填补空白区的原则来摆设商品，让画面看起来稳定而且丰富

Canon 5D、Tamron 90mm F2.8、F2.8、ISO100、光圈优先、重点测光

除了摆设适当的商品外，也可以利用景深让主体在景深内，而配件在景深外（但仍可辨识该物品），来让画面由2D的平面变成3D的立体感受

商品与背景的配置

Canon 5D、Tamron 90mm F2.8、F8.0、ISO100、光圈优先、重点测光

拍摄颜色鲜艳的商品时，为了凸显其颜色可利用景进行衬托，如果希望背景干净可选择白色的背景，要突出质感就选择黑色的背景。像图1为了凸显黄色的亮色系选择了黑色的泡棉垫，整个黄色得到突出，但还是觉得缺少了些什么

所以在图2中，我们换了比较有点特色的黑底白线的背景，再随手拿个有鲜艳图案的杂志书刊当背景，整个画面就会丰富起来了

Canon 5D、Tamron 90mm F2.8、F8.0、ISO100、光圈优先、重点测光

选择颜色和花样合适的背景很重要，从图1、图2-5图3的比较中可看出，图1画面比较丰富，因为黑底上还有白线，画面右方空空的；图2换作纯黑底的画面，画面比较空，但是这样的画面右边留下的空间则适合打上文字标题来使用；而图3使用白色的底，虽然看起来干净，可是黄色就相对地变得不太亮眼。适当的背景颜色可以改变商品的第一印象

拍摄这张照片时，屏幕没有打开，这是因为拍摄这一类会发光的产品时，由于反光及反差的问题，拍摄者常会不开机拍一张，再利用其他方法，如软件撷取商品屏幕，再利用后期处理把撷取图合成后期处理

黑色商品

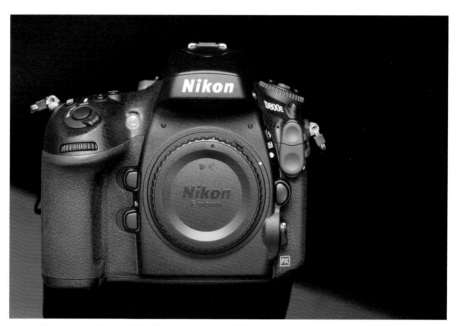

Canon 5D、Tamron 90mm F2.8、F8.0、ISO100、光圈优先、重点测光

黑色与白色的物品最难拍，因为测光常常会出错，而且要拍出黑色的质感会有点难，因为黑色的物品常常黑黑的一片而很难表现出细节。拍摄这部相机时，拍摄者利用斜顺光来打光，并利用反光的压克力底板来作明暗反差的背景，让黑色展现出不同色阶，没有后期处理也可以让质感可以更上一层楼

Canon 5D、Tamron 90mm F2.8、F8.0、ISO100、光圈优先、重点测光

黑色商品有时候会比较缺乏特色，必须找出一个有特色的角度。例如，图中的镜头不像一般新型的镜头设计得那么漂亮，所以拍摄者利用镜头的通透性，选择白色的无缝背景，而右边留白是为了在后期处理中添加标题

Canon 5D、Tamron 90mm F2.8、F8.0、ISO100、光圈优先、重点测光

如果商品太小或是单纯拍出来没啥特色，不妨学习上面那张照片，选择一个有图样的背景。例如，这里找了咖啡豆袋来当背景，主体在背景衬托之下，画面更为丰富

商业摄影实例

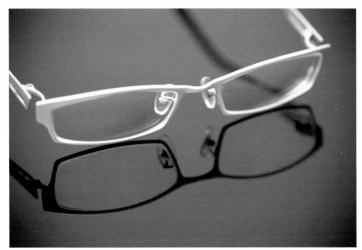

Canon 5D、Tamron 90mm F2.8、F8.0、ISO100、光圈优先、重点测光

拍摄像照片中类似钛框的金属商品时也非常适合利用黑色压克力板来做镜射的特效，重点就是选择摆设的位置与光打的方向。尝试不同的位置，最后再把经验记录下来，下次再拍就会有自己的想法了

Canon 5D、Tamron 90mm F2.8、F4.0、ISO100、光圈优先、重点测光

在此例当中，为了凸显白色背带的质感，拍摄者在该物品下摆置一个会反光的黑色亮面压克力板，再将背带弯成适合的角度，打光并利用反射让背带出现上下反射的质感

Canon 5D、Schneider Cine-Xenon 100mm F2.0、F4.0、ISO100、光圈优先、重点测光

最后这张是经过数字后期处理的完成品，就算没有高档的机身与高档的镜头，只要注意采光，再加上自己的摄影创意，然后加个标题与Logo，在不起眼的街道中也能拍出这样的平面广告

Canon 5D、Canon 35mm F1.4L、F2.0、ISO100、光圈优先、重点测光

商品摄影不一定会在棚内，而棚外对于光的要求就更复杂了。在棚内，光全部都是先预设好的，而棚外会出现很复杂的光源。大原则就是找顺光的位置，而如果想得到像照片中够亮且鲜艳的背景，除了现场光外，还要适时地对主体补光，才不至于因反差过大而造成背景过曝而主体过暗的情况

5-6 架设简易摄影棚

拍静物一段时间后，拍摄者会开始进入一个瓶颈：如何去营造不同的气氛，或是如何去解决身边复杂环境的问题？这个时候除了自然光源以外，第一个想到的就是闪光灯。另一个要避开干扰的方法就是进摄影棚拍摄。拍摄简单的静态物体时，控光是很重要的，在没办法负担摄影棚的情况下，还是会有退而求其次的方法。

简易摄影棚没有任何的棚灯或是摄影棚，因此当然没办法准确控光，但只要一张纸和适当的光源，也可以拍出比较有质感的东西。

简易摄影棚不需要任何繁复的设备，只需要一张纸。所以到处都可以是静物摄影棚。如果要让光源柔和，可以用一张透明描图纸挡在物体与光源之间

将西卡纸弯曲摆于桌上，就可以避开混乱的桌面

接着只要调整好角度，并注意光源，整个质感就不一样了

Nikon D50、Sigma 18-50mm F2.8 Macro、35mm、F8、1/60秒、ISO200、EV-0.7、光圈优先、矩阵测光
利用物品角度和渐层纸来拍这些产品，感觉质感就差很多

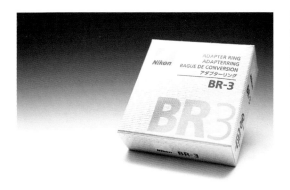

Nikon D50、Sigma 18-50mm F2.8 Macro、46mm、F8、1/60秒、ISO200、EV-0.7、光圈优先、矩阵测光

如果再利用底光或斜顺光，让阴影减到最小，整个产品也可以更突出

Nikon D50、Sigma 18-50mm F2.8 Macro、35mm、F8、1/60秒、ISO200、EV-0.7、光圈优先、矩阵测光

巧妙地摆放物品，让主体的特色表现出来，就不同于直接在桌上拍了

吉米小诀窍　选择铺在下面的底纸时，可以选用许多不同颜色与不同纹路。如果要拍摄反光或透光式的场景，还可以利用镜面压克力版或是透光压克力版在底部打光。

| 5-7 |

建筑摄影

　　建筑摄影要拍好其实很难，因为建筑拍摄常常要呈现的不只是美感，还有几何图形的运用与透视理论的拿捏，如果真的要拍好建筑摄影，可能需要动用到移轴镜头，但是移轴镜头的价格不菲，不过有软件可后期处理，例如SilkPix。

　　这里所要介绍的建筑摄影并不严格局限于正确几何图形的呈现，而是一种建筑拍摄的创意与取景技巧，让生硬的建筑可以利用取景的角度，传达拍摄者不同角度的摄影创意。记得一件事，建筑摄影并非一定需要广角镜头，让庞大的建筑物完全入景。厉害的摄影师，使用标准镜头或望远镜头时，一样会裁切出令人讶异的摄影创意。

Nikon D50、Sigma 18-50mm F2.8 Macro、18mm、F8

📍 高雄市立历史博物馆

▶ 一般建筑摄影因为建筑所占的范围很大，所以通常都用广角镜头去纳景，可是广角的变形与仰俯角变形差异，都是拍摄时必须考虑进去的。因为使用等效焦距约27mm的镜头还不足够纳入全景，所以必须巧妙的裁切，并利用建筑本身的水平线来做水平校正

第一张图因为利用仰角拍摄，感觉会比较气派雄伟，但建筑变形也随之而来；第二张图为了使建筑不变形，使用平视的角度拍摄，虽然正常了，却失去了雄伟的感觉；而第三张图在拍摄时会利用下方的台阶与取景器水平对齐，再利用左右的窗格分配，来达到照片中建筑的水平与平衡分配

广角构图的魄力

Nikon D50、Sigma 18-50mm F2.8 Macro、50mm与18mm、F8.0、ISO100、光圈优先、矩阵测光

◎ 高雄市真爱码头

▶ 拍摄含有天空背景的建筑物或大景时，通常会有一个基本观念，就是天空漂亮时则天空所占照片比例多，天空阴霾时则地面所占照片比例多。右图是使用了50mm的标准焦距，让建筑物平行于照片垂直的两边，所以地面水平很容易就拿捏出来；上图是以很夸张的拍法，利用18mm的广角端，因为天空有很漂亮的云彩，一反常态的下面不预留任何地面，这种拍法不是很正规，照片却有种空旷舒畅的魄力感

非广角镜头的限制

Nikon D50、Sigma 18-50mm F2.8 Macro、42mm、F2.8

◎ 三皇三家咖啡店门口

▲ 因为通常超广角镜头都很重，所以一般出门不太会随身携带超广角镜头，如果遇到大型建筑物，就要考验拍摄者的裁切拍摄功力了。这栋建筑连等效焦距为27mm的焦段都无法容纳，所以就取建筑有特色的文字部分，利用取景器边缘去对齐文字，这样拍出来，就算没有整栋大楼也很有特色

Nikon D50、Sigma 18-50mm F2.8 Macro、42mm、F2.8

◎ 书房办公桌

▲ 在国外游玩时，最容易遇到像图中的大教堂了。如上图，建筑摄影几乎不用这种不正规的拍法，通常都是方正正的，但碍于广角端不足，这里利用对角线构图，并使蓝色的天空所占照片比例多一点，刚好又有蓝天白云，会有种不稳定的恐怖感。如果后期处理的话，把蓝天调灰，在加上闪电特效大概就很像电影中会出现吸血鬼的教堂了

Chapter 06

生活摄影 ——以点带面 小中窥大

生活摄影通常与静物摄影不太一样，生活摄影拍摄的是会动的对象，这也代表拍摄前思考及反应的时间越短，通常要决定拍摄下一张照片大概都不会超过30秒，这时从静物摄影中慢慢训练得到的构图技巧就可以派上用场了。

| 6-1 | ## 旅游摄影

旅游拍摄并不特别要求成像质量，重点是对于时间与空间的纪录。一般出游所要使用的镜头多以广域的变焦镜头为主，习惯拍建筑物或大景色的就使用广角变焦镜头，而习惯拍人文风情则使用望远变焦镜头，当然也有人使用大光圈定焦镜头来做旅游拍摄，但可能因为携带太多摄影器材而失去原本游玩的乐趣。目前旅游拍摄最受欢迎的是18mm-200mm的11倍的变焦镜，也自然而然的被称为旅游镜，通常这类镜头虽光圈不大，但因焦端广且加上防抖功能，所以受欢迎的程度也就居高不下了。

Nikon D50、Sigma 18-50mm F2.8 Macro、50mm、F2.8、1/1250秒、ISO800、EV0、光圈优先、矩阵测光

◎ 日本京都乌丸七条通

▲ 通常出国一般大多会去拍大景或观光景点，尝试用不同的观点去记录一下国外不同风情的街道，或许也会有种新鲜的感觉。这幅照片中将整个街道压到最下方的构图在线，尝试利用混乱的电线去表达一种没有束缚的感觉

Nikon D50、Sigma 18-50mm F2.8 Macro、50mm、F2.8、1/1600秒、ISO800、EV0、光圈优先、矩阵测光

◎ 日本京都

◄ 国外的异国文化也会是一个记录的重点，这种人文拍摄不像一般人像摄影一样需要刻意安排，讲求的只是自然，在不经意时拍摄会有一种更为动人的气氛

Nikon D50、Sigma 18-50mm F2.8 Macro、18mm、F2.8、1/1640秒、ISO800、EV0、光圈优先、矩阵测光

◎ 日本京都

▲ 在很多地方，如果只是单纯的纪录景点，或是单纯的纪录人文，就容易失去了人与景之间的连结性，尝试一下使用广角镜，利用景色的延伸性，让结束点设在构图线上，这种感觉会完全不同于平面拍摄的角度

Nikon D50、Sigma 18-50mm F2.8 Macro、18mm、F2.8、1/500秒、ISO800、EV0、光圈优先、矩阵测光

◎ 日本京都

◄ 利用高亮区、近景去延伸或提示远景是种好玩的手法，照片中利用水晶球高亮度的聚焦重点去反射出整个场景，而故意把场景利用散景模糊，这种反客为主的拍法，常常会得到很好的效果

Nikon D50、Sigma 18-50mm F2.8 Macro、24mm、F8.0、1/500秒、ISOAuto、EV-1.0、光圈优先、矩阵测光

📍 日本宇治

▲ 使用广角镜头拍摄时，这种以物带景的方法非常好用，就算一条毫无特色的街道，只要利用一些出色的近端物体去延伸整个街道，也会让平凡的街道值得玩味

Nikon D50、Sigma 18-50mm F2.8 Macro、135mm、F5.0、1/500秒、ISO800、EV0、光圈优先、矩阵测光

📍 日本京都

▲ 很多小地方都蕴藏了很多很有趣的事物，照片中三年坂的猫是游客一定会拍的，尝试把猫放在右边的构图线上，再利用画面中的木柜去保持画面的水平，然后利用望远焦段去压缩效果，让人感觉那两只猫正在好奇地望着柜子里整堆的猫群

Nikon D50、Sigma 18-50mm F2.8 Macro、18mm、F2.8、1/4000秒、ISO200、EV0、光圈优先、矩阵测光

📍 日本宇治

▲ 旅游中的美食一定少不了，但是如果拍的太死板就失去意义。尝试咬下一口食物，然后利用广角将食物融入在异国的街道中，似乎尝到了美味的同时也尝到了气氛

Nikon D50、Sigma 18-50mm F2.8 Macro、200mm、F2.8、1/1600秒、ISOAuto、EV-1.0、光圈优先、矩阵测光

📍 日本宇治

▲ 这种黄昏的色温在拍摄大景时真的是不可错过，但是已超过相机曝光宽容度的极限，旅游又不可能摇黑卡，复杂场景也不太容易使用渐变滤光镜。把主要测光点对准天空，保留天空的细节，但其他暗部不能太暗，这种拍法，虽然其他暗部会有点暗，但是却保留了整个空间的气氛

Nikon D50、Sigma 18-50mm F2.8 Macro、18mm、F8.0、1/400秒、ISO800、EV0、光圈优先、矩阵测光

📍 日本京都清水寺

▲ 阴天通常很多人会很失望，因为拍出的照片效果不好看，但是却不是这么一回事，通常阴天拍出东西都会比较粉嫩，而如果照片中的场景是晴天，反而无法将天空与地面的细节通通保留下来。将主体的清水寺摆在右下方的对焦点，另外为了避免切割到下面的游客，有时按下快门前要稍微注意一下水平线

Nikon D50、Sigma 18-50mm F2.8 Macro、35mm、F3.5、1/800
秒、ISO400、EV0、光圈优先、矩阵测光

📍 台铁平快高雄段

▲ 通常拍摄出的照片效果只会让人往前看画面，而很难会让人想到画面后面
的摄影师，上图在拍摄轨道时利用火车去挡住三分之一的画面，也利用车的
边缘去对齐垂直方向，更故意出错拍到拍摄者的手的局部，让人回想到这是
流浪中拍摄者的视角

Nikon D50、Sigma 18-50mm F2.8 Macro、500mm、
F2.8、1/250秒、ISO200、EV-1.0、光圈优先、矩阵测光

📍 台铁平快高雄段

▲ 车票在旅途中是个不错的拍摄题材，它让人有种漂泊感，
上图中的明暗反差过大，而为了保留整体的光线感，牺牲了
车票的纹路，让车票过曝到只剩文字可以辨别，这种拍法特
别适合窗外突然有一束光射进来

Nikon D70s、Sigma24-135mm F2.8-4.5、70mm、F4.2、1/40秒、
ISO200、EV0、光圈优先、矩阵测光

📍 北县菁桐车站

▶ 照片中为了留下菁桐车站的特色，特别利用玩偶的视向空间、弹珠汽水、窗
户上缘的"开往台北"做为构图重心，另外善用窗户边缘与桌台的直线来当作
水平控制的依据

Nikon D50、Sigma 18-50mm F2.8 Macro、50mm、F2.8、1/320秒、ISO200、EV0、光圈优先、矩阵测光

📍 南投集集

▲ 很多时候物体不一定要完整纳入拍摄，只要记录到整个重点即可。但要表达或是要记录的主体一定要完整，例如照片中的集集两字

Nikon D50、NikkorAF80-200mm F2.8、200mm、F2.8、1/1250秒、ISO200、EV-0.3、光圈优先、矩阵测光

📍 南投清境

▲ 在混乱的场景中最好用的就是望远焦段，利用望远焦段来压缩背景，可以让人群有更密集的感觉，再利用大光圈去凸显主体，并随时捕捉动人的表情与姿态。照片在拍摄时即把对焦点移到最左边，将人物安排于左对焦线上，只等时机一到即按下快门

Nikon D50、Tokina 12-24mm F4、24mm、F4.0、1/30秒、ISO400、EV0、光圈优先、矩阵测光

📍 梨山游客中心

▲ 旅途中所有的物品也都可以当作是记录摄影的题材，将自己的旅游过程拍摄下来，利用作品的摆设，去引导别人观赏旅途中的点点滴滴

Nikon D50、Tokina 12-24mm F4、16mm、F8.0、1/400秒、ISO400、EV-1.0、光圈优先、矩阵测光

📍 新中横梨山段

▲ 景很美，直接拍就可以留下漂亮的纪录，有时候来点创意，例如将梨山的特产苹果置入左下的构图点，让苹果红去烘托去记录整体的梨山美景

Nikon D70s、Nikkor 35mm F2、35mm、F2.0、1/640秒、ISO200、EV0、光圈优先、矩阵测光

📍 北县菁桐车站

▲ 旅游中的物品也可以拿来当作引导现场气氛的主体，将想要表达的主体摆设于稳定的构图线上，再利用空间去延伸整个现场的气氛，景深尽量控制在模糊却又可以看清楚轮廓的程度

Nikon D50、Sigma 18-50mm F2.8 Macro、18mm、F2.8、1/6秒、ISO200、EV-0.7、光圈优先、矩阵测光

📍 南投清境

▲ 在旅途中常常可以遇到文字和图案，利用巧妙构思将文字视为旅行中重要的纪录，对文字采取对角线构图方式，然后尽量保持每个文字与框线的完整

Nikon D50、Tokina 12-24mm F4、
12mm、F8.0、1/50秒、ISO200、EV-
0.3、光圈优先、矩阵测光

📍 南投清境

◀ 这种仰拍法非常适合超广角镜头拍摄，
利用楼梯去延伸到左上方构图点的黄色房
屋，并保留约略三分之一的天空

Nikon D50、Tokina 12-24mm F4、
12mm、F8.0、1/125秒、ISO200、
EV-0.3、光圈优先、矩阵测光

📍 南投清境

◀ 在这种超完美的场景中，有时候不要急
着按快门，稍微检视一下环境或等待一
下，就会呈现纳入展翅飞鸟的蓝天白云的
画面

| 6-2 | 街拍

很多撼动人心的照片都是属于街游摄影（街拍）的。从广义而言街拍就是随机的拍摄，没有任何计算好的光源辅助，没有任何协调好的模特儿姿势，一切都是随机的。也就是说在事情发生的瞬间，拍摄者就必须在短短的几秒钟内，就想清楚要表达的主题、要使用的构图与相机的设定。

有人说街拍最随性所以简单，但也因为一切都是随机的，要拍好街拍其实最难。除了构图，一件好的街拍作品要能传达一种可撼动人心的视觉传达，重点就是掌握生活化的感动瞬间与其背后意义。

Nikon D50、Nikkor AF 24mm F2.8、24mm、F8.0、1/400秒、ISO200、EV0、光圈优先、矩阵测光

📍 台北信义商圈

▲ 在拍摄街道时，常常会站在天桥上往下拍，如果只是单纯整个俯视的场景，就会拍成了像左图只有街道的感觉，如果尝试将视角拉高一点，把画面三分之一留给整个城市和天空，感觉就不一样了

吉米小诀窍 街拍有个广角泛焦的用法，就是利用广角镜头，然后光圈约略开到F8左右，因为广角又加上缩光圈，整个前景都会广泛地落在合焦的景深之内，通常只要注意水平和角度，不用看取景器也可以拍出清楚的照片。很多摄影师都喜欢利用这样的方法，将相机放在腰部做在街上盲拍。

Sony NEX-3、Sony E 16mm F2.8、F4.0、ISO100、光圈优先、平均测光

📍 高雄瑞丰夜市

▶ 一般逛街除了买东西，大多脱离不了边走边吃美食的情况，但是单纯拍美食又显得过于商业化，只拍景又拍不出那种垂涎欲滴的感觉，这时如果可以将食物当作主体，而街景当背景，再利用广角镜头来近拍食物，这时整个边吃边逛街的随性解放的感受就全都呈现出来了

Sony NEX-3、Contax 45mm F2.0、F2.0、ISO800、光圈优先、平均测光

📍 台中大远百美食街

▲ 很多人对于街拍的恐惧就是乱七八招的一片，眼花撩乱的无法拍出有主题的照片，这个时候善用街道或百货公司内的招牌与现场搭配，利用大光圈将招牌上的文字凸显，让背景的杂乱整个被虚化在景深之外，此时整个不同的意境就会呈现出来，重点是有招牌上文字的明示通常不太容易失去主题，但是尽量不要乱找无意义或脏乱的招牌，很容易画虎不成反类犬

Olympus E300、CarlZeissJena135mm F3.5、1/80秒、
ISO100、EV0.7、光圈优先、矩阵测光

📍 台北信义商圈

◄ 街头艺术也是街拍中最为常见的，照片中利用人阻挡在扮演怪兽
的街头艺人前，尝试去表现一种怪兽突然冒出街头搜寻猎物的感觉

Nikon D50、Nikkor DX 55-200mm F4-5.6、120mm、F5.6、1/20秒、ISO800、EV0、光圈优先、矩阵测光

📍 台北士林夜市

▲ 由上往下的俯瞰角度拍摄有时也是一种街拍的取景方法，这种方法常常会很自然的去捕捉到一些非常自然的眼神与表情

Sony NEX-3、Old Viogtlander 50mm F1.5、F2.0、ISO100、光圈优先、平均测光

○ 西门町红楼

▲ 街拍中最不缺的就是平民，但通常新手最怕的也是拍这些平民，因为这些平民通常不是熟悉镜头的模特儿，当对方发现拍摄者在拍摄时会变紧张进而闪躲或尴尬，所以在远方观察并等待适当的时刻按下快门，这会是去除尴尬的最好方式。但这种街拍方式的前提是非恶意的偷拍，而是善意的纪录环境中的人生百态

Sony NEX-5N、Canon RF 50mm F1.8、F2.8、ISO400、光圈优先、平均测光

○ 高雄大东艺术图书馆

▲ 街拍最难克服的就是跟陌生人第一次面对面，却要拿着相机把对方拍摄下来。这种恐惧感相信很多人都有，但是有时候拍人不一定要面对面，像照片中拍摄路人的背影，加上适当的构图与光影拿捏，这种未知与期待的美感也是一种不错的拍摄方式

Sony NEX-5N、Sony E 18-55mm、F4.0、ISO400、光圈优先、平均测光

○ 高雄左营眷村

▲ 街拍还有一种很有趣的方式就是找笑点。让感觉敏锐一点，去找寻观光客，尤其是一群学生，通常他们会玩的比当地人还要兴奋，这个时候记录下的照片不仅更有活力，也是无法重现的绝佳按快门时机

6-3 人文摄影

所谓人文摄影，就是记录人类活动的摄影。不管是什么活动、什么场合，只要有人参与就可以当作是人文摄影的题材。但是最重要的一点，以人为主的主题必须确实表现，不然就失去了人文摄影的意义，反而偏向于没有主题的街拍。其实这些不同摄影门类往往只是一线之隔，重点在你要表达些什么，而被拍的人有什么特色。只要能抓得到特色，其他都只是辅助的因素而已。

Nikon D3、Nikon 24-70mm F2.8、F4.0、ISO800、光圈优先、平均测光

📍 新埔打铁街

📷 牛皮

▶ 对于人文题材的拍摄最好的方式就是记录下这些活动的动态行为，但摄影最难的就是如何用静的照片表现出动的感觉。拍摄者利用低速快门让打铁的火红铁屑布满整个画面，成为一个抢眼的亮部视觉中心，而低速快门也让这些辛劳的主角的残像表现出源源不绝的活力动态

Sony NEX-3、Sony E 16mm F2.8、F4.0、ISO100、光圈优先、平均测光

📍 峇里岛蜡染区

▶ 人文摄影是记录与人有关的活动，但不一定要拍出人的正面，不同的活动常常有不同的主题，而静态的主题通常又都是在人的作品上，所以当拍摄这一类的主题时，可以站在创作者的背面，以该作品为视觉重心来拍摄（搭配广角镜头画面会比较有张力），但记得尽量让创作者与作品完整摄入镜头而不被切割，除非是要强调某个主体而去切割另一个配角

Sony NEX-5N、Sony E 18-200mm、100mm、F5.6、光圈优先、平均测光
📍 南投竹山镇
▲ 在台湾地区很多时候拍人文题材时都会跟庙会有关。庙会通常十分热闹，而热闹其实就是乱成一团，如何在闹中取静抓取主体，每个人的观点都不同，而照片中烧纸钱就是人比较少拍的人文活动之一。这是一个很好的练习摄影技巧的环境，因为纸钱燃烧的火光就如同之前讲过的一样，刚好是整张照片的最亮区，也就很容易凸显出主题

Sony NEX-3、Sony E 18-55mm、55mm、F5.6、光圈优先、平均测光
📍 高雄驳二特区
▲ 有时候人文摄影并不局限于一定要有人的出现，其相关的工具或作品也可以传达出人文气息，例如照片中不拍出雕刻师傅，只拍其雕完的雕像与工具，反而可以引发观者更深层的体会与思考

Sony NEX-3、Canon RF 50mm F1.8、F2.0、光圈优先、平均测光
📍 屏东夜市
▲ 夜市是另一种人文活动的聚集地，常常可以表现出欲望、商业活动或求生存的感受，有时候透过与老板间的互动，可以拍出很熟悉却从未仔细驻足观察的另一种感觉，照片模仿LOMO风格做过后期处理，更可以凸显正中央主角的主体性

吉米小诀窍　LOMO风格是一种特别的拍摄风格，有以下几个特色：四周暗角失光，拍出来中间亮，四周暗，颜色反差特别大，看起来颜色过度浓郁，甚至有点斑驳老旧的颗粒感或曝光不足，有一种非常前卫的味道。但也有些人觉得这像是出了故障的相机拍出来的照片。通常这类照片是用一种称为LOMO的特殊相机拍的，利用一些软件也可以简单地仿真出LOMO的风格。很多人会误以为LOMO照片就是用LOMO相机拍的，其实LOMO是一种生活态度或摄影态度，其态度就是不要局限于相机，不要刻意于构图，就是简简单单地把生活真实且快乐地记录下来。

Nikon D70s、Nikkor VR24-120mm F3.5-5.6、100mm、F4.5、1/160秒、ISOAuto、EV0、光圈优先、矩阵测光

📍台北九份老街

◀ 混乱的招牌、拥挤的街角，与刚好没有对焦的人物，这就是照片要表达的九份老街，黑白的景象会比彩色的多出一份专注感情，而少了一点干扰

Nikon D70s、Nikkor DX 55-200mm F4-5.6、78mm、F4.5、1/125秒、ISO200、EV0、光圈优先、矩阵测光

📍台北关渡宫

▲ 人在专注于某件事时最迷人，利用软件将颜色全部去饱和，减少了颜色的干扰后只剩下场景，更容易凸显人物专注的表情

Olympus E300、Sigma 18-50mm F2.8 Macro、F2.8、1/6秒、ISO100、EV1.0、光圈优先、矩阵测光（Nikonto4/3转接环）

📍台北霞海城隍庙

▲ 求姻缘的人来来去去，都只是过客，但是惟一清楚的是在构图线上的文字，利用文字当主体的文带景方式，不仅让人明了主题的意义，而且让他们想去了解模糊的焦外成像中到底发生了什么事。重点是文字要完整不要被裁切到，而且大约只占画面的三分之一

Olympus E300、Sigma 18-50mm F2.8 Macro、F2.8、1/250秒、ISO100、EV1.0、光圈优先、矩阵测光（Nikonto4/3转接环）

📍台北霞海城隍庙

▲ 观者看到右下方构图点上的金纸大约就了解这是庙会活动，视线再延伸到背景中两条构图线上模糊不清的香客身上，只会体验到一种感觉：我不知道你是谁，但你的虔诚我感受到了

摄影创作赏析 ▶▶

Nikon F4s、Agenieux AF 28-70mm F2.6、ISO 400、光圈优先、矩阵测光

📍中国 贵州省 黔东南
📷王榜荣
▲ 牧归

Nikon F4s、Agenieux AF 28-70mm F2.6、
ISO 400、光圈优先、矩阵测光

📍中国 贵州省 黔东南
📷王榜荣
▲ 勤奋插秧的苗族妇女

摄影创作赏析 ▶▶

Nikon F4s、Agenieux AF 28-70mm F2.6、ISO 400、光圈优先、矩阵测光

📍 中国 贵州省 黔东南
📷 王榜荣
▲ 侗族幼童相偕行于村内小径

Canon EOS 30v、Canon 28-105mm 3.5-4.5、Fujicolor Superia Reala 100

📍 柬埔寨-吴哥窟
📷 林君威 (Gelion Lin)
▶ 以框架构图法表示被命运框着的女孩

Canon EOS kiss Digital N、Sigma 70-300mm APO

📍 柬埔寨-吴哥窟
📷 林君威 (Gelion Lin)
▲ 不服输

摄影创作赏析 ▶▶

Nikon F4s、Agenieux AF 28-70mm F2.6、ISO 400、
光圈优先、矩阵测光
📍 中国 贵州省 黔东南
📷 王榜荣
▲ 至今仍保留着唐朝发髻的剃头师傅

Nikon F4s、Agenieux AF 28-70mm F2.6、ISO 400、光圈优先、矩阵测光
📍 中国 贵州省 黔东南
📷 王榜荣
▲ 巴沙村童

Nikon F4s、Agenieux AF 28-70mm F2.6、ISO 400、光圈优先、矩阵测光
📍 中国 贵州省 黔东南
📷 王榜荣
▲ 参加部落盛会的侗族姐妹

摄影创作赏析 ▶▶

Nikon F4s、Agenieux AF 28-70mm F2.6、
ISO 400、光圈优先、矩阵测光

📍 中国 贵州省 黔东南
📷 王榜荣
▲ 盛装打扮的苗族幼童

Nikon F4s、Agenieux AF 28-70mm F2.6、ISO
400、光圈优先、矩阵测光

📍 中国 贵州省 黔东南
📷 王榜荣
▲ 穿着传统盛装参加芦笙大会的苗族女孩

Nikon F4s、Agenieux AF 28-70mm F2.6、ISO 400、
光圈优先、矩阵测光

📍 中国 贵州省 黔东南
📷 王榜荣
▲ 奉上迎宾牛角酒

摄影创作赏析 ▶▶

Nikon F4s、Agenieux AF 28-70mm F2.6、ISO 400、光圈优先、矩阵测光
◎ 中国 贵州省 黔东南
🄯 王榜荣
▲ 盛装打扮1

Nikon F4s、Agenieux AF 28-70mm F2.6、ISO 400、光圈优先、矩阵测光
◎ 中国 贵州省 黔东南
🄯 王榜荣
▲ 盛装打扮2

6-4　展览活动摄影

　　展览活动摄影虽然重点是人，但是其实最重要的是纪录人的动态，以及人与人之间的交流。也就是说要抓的重点是人与场景之间的关系，或是人与人之间的互动。跟人文摄影比较不同的是，展览活动摄影不是要记录个人的情感流露，而是要记录该活动的主要目的。

　　例如信息展摄影，通常很多展场的展示商品是主角，但是单纯拍摄商品过于生冷，如果可以让商品搭配生动的ShowGirl（SG）那就活泼很多。很多拍摄者在展场常常没有纪录到活动，只是一味地到处去拍模特儿，那也同样失去了活动记录的意义了。

Nikon D70s、Tokina 12-24mm F4、14mm、F4.0、1/80秒、ISO1600、EV0.7、光圈优先、矩阵测光

▲ 有时候展场中因为摊位太多而过于狭隘，通常拍摄者会利用广角镜头来拍摄摊位，但是广角的夸张变形常会让照片效果变得很难控制，这幅照片，拍摄者尝试利用摊位的框架去控制整个画面的水平，并且利用侧面的角度的立体感去取代正面拍摄

Nikon D70s、Tokina 12-24mm F4、12mm、F4.0、1/125秒、ISO1600、EV0.7、光圈优先、矩阵测光

◀ 利用广角镜头从俯瞰的角度拍摄，就更容易去营造出整个场面的气氛，但是要特别注意的是水平的控制，这里利用二楼平面去对齐照片边缘，并尽量保持中央的摊位主体不要被切割

Nikon D50、Nikkor 24mm F2、F2.8、1/40秒、ISOAuto、EV0、手动模式、中央测光（手动镜头自动对焦AF机构）

📍 台北市民大道明日博物馆

▲ 面对一成不变的入口标识，利用倾斜构图的不稳定感去表达展览的创意，并且将重心放在左上方，会有种文字会往右下滑的俏皮感

Nikon D50、Nikkor 24mm F2、F2.8、1/40秒、ISOAuto、EV0、手动模式、中央测光（手动镜头自动对焦AF机构）

📍 台北市民大道明日博物馆

▲ 展场入口的几何图形刚好可以用来做构图的元素，另采取文带景的方式，将文置在左上方的构图点，再利用右方的走道延伸，让人想要往后一探究竟

Nikon D50、Nikkor 24mm F2、F2.8、1/40秒、ISOAuto、EV0、手动模式、中央测光（手动镜头自动对焦AF机构）

📍 台北市民大道明日博物馆

▲ 一味的平衡构图少了点俏皮感，利用倾斜不平衡构图可以表达一种顽皮的意味，但是左上角的LOGO一样置于构图点上，而且延伸至右下方刚好是对角线的位置

Nikon D50、Nikkor 24mm F2、1/125秒、ISOAuto、EV0、手动模式、中央测光

📍 台北市民大道明日博物馆

▲ 等分画面的构图方式有时候会是种大忌，但还要看拍摄者要表达的主题。这里利用二分法构图，将左半边复杂却别有洞天的感觉，去对比右半边虽然干净却又有两个怪脸孔的极致单调

Nikon D50、Tamron 28-75mm F2.8、65mm、F3.5、1/60秒、ISO200、EV0、光圈优先、矩阵测光

📍 台北信息展会场

▲ 展场SG是不少拍摄者喜爱的主题，但也不要总是利用望远焦段去拍SG脸部的特写，融入整个展场的气氛或是商品，尝试不一样的构图方式，有时会给人带来惊喜。而展场的光源复杂，如何利用闪光灯做正确的补光也是一门学问

Nikon D50、Tamron 28-75mm F2.8、75mm、F3.5、1/60秒、ISO200、EV0、光圈优先、矩阵测光

📍 台北信息展会场

◀ 展场的SG只是会场的一部分，可以利用框架构图法，人群的夹缝中拍摄这样表达整个展场络绎不绝的气氛

Chapter 07

人像摄影 ——景为情辅 浑然天成

　　许多人对于人像摄影的认识有些片面，认为是只有美女的摄影，但是人像摄影通常指的不是只有拍摄美女一类的人像外拍，只要主体是人，大都可以当作是人像摄影。而人像摄影与人文摄影的区别是，通常人文摄影要表达的是人类文化活动所表现出来的情感保留；而人像摄影单纯纪录人物，不参与任何文化及时空背景的表现。

　　因为要凸显人物主体，摄影师会大胆使用大光圈或望远焦段来刻意模糊焦外成像（散景）。但是要记得一件事，商业人像摄影为了凸显模特儿的性感，或是身上穿戴的配饰，会刻意让背景无法辨识来减少观者注意力分散。一般新手刚开始接触大光圈镜头时，常会因为迷上散景而刻意使用超大光圈或超望远焦段来创造朦胧的散景，但如果是参加户外的主题式外拍，这就没什么意义了。因为整个户外的风景都被虚化了，那跟在棚内拍摄有什么差别呢？

家庭人像摄影

7-1

　　通常家庭人像会是拍摄者第一个接触的人像摄影主题。家庭人像摄影不像一般的模特儿外拍或是商业人像摄影，尽量不要有公式化的摄影条件参与，要掌握的是和乐融融的群体互动，也就是尽量善用群组构图法，重点是捕捉气氛与表情来充分表现家庭成员之间的互动。

Nikon D50、Nikkor DX55-200mm F4-5.6、55mm、F4.0、1/100秒、ISO Auto、EV0、光圈优先、中央测光

📍台北101水舞广场

◀背影的拍摄方式对于家庭人像摄影的气氛营造有独特作用，常常给人一种意犹未尽的感觉。这种拍摄方式很适合一家一起出游的时候，最好是用比较广的镜头把景也带进去

吉米小诀窍 家庭人像摄影是最常见的摄影主题之一，也就是说不管是专业摄影师还是新手，一定都拍过家庭人像。通常新手第一时间想到要用的就是"正中红心"的刻板拍摄方法，就是把人像全部往中间摆。这不是说不行，只是这样不容易拍摄出动感的牛片，可以尝试侧面，由下往上，或由上往下的拍摄方法，来创造一种不同的视角。

Nikon D50、Sigma18-50mm F2.8 Macro、24mm、F2.8、1/60秒、ISO Auto、EV-0.3、光圈优先、中央测光

📍台北客官农场

▶ 家庭人像摄影很少会有机会去校正每一个人的姿势或是位置，通常拍摄大多是在出外游玩时。只要抓住最重要的时刻，善用群组构图并由拍摄者去找寻适合的视角，一定能捕捉到恰到好处的时刻

Sony CyberShotP1、6.1mm、F2.8、1/30秒、ISO Auto、EV0、光圈优先、中央测光

📍美国威斯康新洲

▲ 利用站姿与坐姿，形成高与低的对比，也是家庭人像摄影中非常方便的构图方式

Nikon D50、Sigma24-135mm F2.8-F4.5、135mm、F4.5、1/160秒、ISO Auto、EV0、光圈优先、中央测光

📍基隆八斗子公园

▲ 利用车子当前景并带后景的方式拍摄出外游玩的家庭成员，也是一种非常有趣的取景角度

儿童人像摄影

　　儿童人像摄影是人像摄影里面最难拍摄的，因为儿童好动以及不稳定，所以儿童是最难控制的，但是儿童人像摄影拍得好却也是最容易触动人心的，因为小孩是最单纯的，所以拍出来的照片会最自然，儿童不会害怕镜头，不管是快乐、悲伤或是发呆，都会比设防的成人还要真情流露，所以拍摄儿童时，开启连拍功能来留下最真实的情感。

Nikon D50、NikkorDX55-200mm F4-5.6、200mm、F5.6、1/250秒、ISO200、EV0、快门优先、中央测光
📍 台北淡水天元宫
▲ 利用连续追焦、连拍，以及高速快门，常常可以捕捉到一些非常生动的儿童姿态

Nikon D50、Sigma18-50mm F2.8Macro、50mm、F2.8、1/60秒、ISO200、EV0、光圈优先、矩阵测光
📍 桃园国际机场
▲ 利用动态的东西或是会发出声响的物体去吸引儿童的注意力，这个时候拍摄起来就会有很多非常自然又有趣的表情了

　　很多人买DSLR都是为了拍自己的小孩，但在镜头便无法很好地抉择。通常因为小孩好动，如果以室内拍摄为主的话，大光圈广角镜头为最适合（Canon：24mm F1.4L、35mm F1.4L，Nikon：28mm F1.4、35mm F2，Sigma：30mm F1.4，Olympus：25mm F1.4，Sony：35mm F1.4）。

　　但大光圈广角镜头价格都不便宜，所以Nikon 35mm F2、Canon 35mm F2与Sigma 30mm F1.4等都是不错的选择；而户外为了方便则建议选用18mm-200mm焦段的变焦镜头，这样可以来随时捕捉更多的拍摄机会。

眼神的捕捉

　　在儿童人像摄影里，第一个要学习的就是眼神捕捉。而这种通常需要了解小朋友的个性，以及什么时候常会做出什么动作，利用连续对焦，以及大光圈或高ISO来调高快门速度，就很容易捕捉到下面的情景了。

Nikon D50、Sigma18-50mm F2.8Macro、50mm、F2.8、1/25秒、ISO Auto、EV-0.3、光圈优先、矩阵测光
📍 熊熊工作室台北光复店

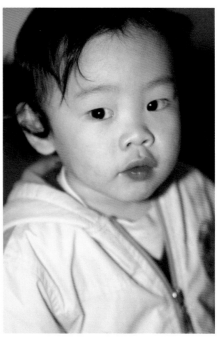

Nikon D50、Tamron 28-75mm F2.8、75mm、F2.8、1/60秒、ISO200、EV0、光圈优先、矩阵测光
📍 台北阳明山

Nikon D50、Nikkor AF 50mm F1.8D、50mm、F1.8、1/40秒、ISO500、EV0、光圈优先、矩阵测光
📍 台北阳明山

Nikon D50、Sigma18-50mm F2.8 Macro、50mm、F2.8、1/500秒、ISO Auto、EV0、光圈优先、矩阵测光
📍 台北中和

连续拍摄

在连续拍摄时，大多是小朋友很高兴的时候，开启高速连拍功能，很多时候可以拍出小朋友一连贯的表情和动作。

Nikon D50、Tamron 28-75mm F2.8、75mm、F2.8、1/600秒、ISO200、EV0、光圈优先、矩阵测光
◯ 桃园国际机场

睡眠时刻

当然小朋友睡眠的时候也不能错过，他们的表情可是很迷人的，而且这个时候也最好拍，因为不会动来动去。

Nikon D50、Nikkor 35mm F2、35mm、F4.0、1/400秒、ISO200、EV0、光圈优先、矩阵测光
◯ 台北忠孝商圈

Nikon D50、Tamron 28-75mm F2.8、75mm、F8.0、1/00秒、ISO200、EV0、光圈优先、矩阵测光
◯ 桃园国际机场

随机拍摄

儿童摄影最有趣的就是随机摄影，而随机摄影也很难，因为随机拍摄需要把相机随时准备好，随时准备去捕捉最难得也最难拍的各种情况。

Nikon D50、Carl Zei-
ssJena135mm F3.5、
F3.5、1/60秒、ISO200、
EV-0.3、光圈优先、矩
阵测光
📍 淡水天元宫

Nikon D50、Nikkor DX 55-200mm F4-
5.6、80mm、F4.5、1/640秒、ISO200、
EV0、光圈优先、矩阵测光
📍 高雄新光码头

Olympus E-300、Con-
tax50mm F1.4、F2.8、
1/500秒、ISO100、EV0、
光圈优先、中央测光
📍 苗栗大湖

Nikon D50、Sigma 18-50mm F2.8Macro、
29mm、F2.8、1/30秒、ISO Auto、EV-0.3、
光圈优先、矩阵测光
📍 熊熊工作室台北光复店

捕捉情感

Nikon D50、Nikkor AF 50mm F1.8D、50mm、F2.5、1/13秒、ISO200、EV0、光圈优先、矩阵测光

台北客官农场

Nikon D50、Sigma18-50mm F2.8Macro、50mm、F2.8、1/250秒、ISO200、EV-0.7、光圈优先、矩阵测光

台北中和

亲子间的参与感

在儿童人像摄影的场景中，如果单独只有儿童就是少了家庭之乐的温暖气氛。尝试把大人带进画面，使用前后景的安排，或是群组构图的观念，整个照片马上就会生动起来。

Nikon D50、Tamron28-75mm F2.8、75mm、F2.8、1/15秒、ISO200、EV0、光圈优先、矩阵测光

台北忠孝商圈

Nikon D50、Tamron28-75mm F2.8、38mm、F2.8、1/25秒、ISO800、EV0、光圈优先、矩阵测光

台北烧肉餐厅

Nikon D50、Nikkor 35mm F2、35mm、F2.0、1/800秒、ISO200、EV0、光圈优先、矩阵测光

▶ 在儿童摄影里，还有一种比较好玩的拍法，就是使用大光圈广角镜头去拍摄他们的身体的任何一个部位。因为肤质很好，所以通常拍起来会有种吹弹可破的感觉

吉米小诀窍　通常很多入门的数码单反（DSLR）或消费型数码相机（DC）会有一个儿童拍摄模式，其实就是把设定调到拍摄儿童最需要的几个条件，也就是拍摄好动的儿童最容易成功的条件：大光圈、动态追焦、连拍、高ISO，借以让快门速度提高，进而捕捉动来动去的儿童人像摄影。

摄影创作赏析 ▶▶

无忧无虑

▲ 乡下小孩较无戒心，可以稍微与他们交流一下便可拍摄得到自然的影像

Kodak DC Spro14n、AF-S 17mm 35mm F2.8D

📍 宜兰
📷 HOBA

网站外拍与专题人像摄影

很多摄影网站聚集的人气，大多是因为有举办不少美女模特儿的人像外拍活动。通常这一类的人像外拍每个月都有好几场，因此许多摄影网站都有举办，现场也都会有安排打光人员，摄影地点也都是有挑选过的，所以在拍摄环境条件上会比一般的人像摄影要简单，但最麻烦的是通常参与的人多，所以常会很难构图，也会为了抢拍而有一些小干扰。

吉米小诀窍 参加这一类的网站人像摄影通常摄影师的人数会非常多，并不像一般专题人像摄影的精致，所以通常广角镜头在复杂的现场会有点不好发挥，善用85mm F1.4、135mm F2、28-75mm F2.8，与80-200mm F2.8之类的长焦段大光圈镜头来避开人群以及压缩背景，所以用长焦段大光圈镜头会是比较好的选择。

网站外拍人像摄影

网站举办的人像摄影通常无法事先与模特儿沟通，跟模特儿之间也没有生活背景的关连，所以对于模特儿的特性会比较难掌握，但却是门槛比较低的人像外拍。如果说要拍出有感情的人像摄影会比较难，所以可以拿来当作是技巧的磨练。

Nikon D50、Tamron 28-75mm F2.8、75mm、F2.8、1/60秒、ISO Auto、EV0、光圈优先、矩阵测光

📍 台湾大学总校区

◀ 在人像拍摄的时候，一开始先不要急着拍，可以利用白平衡校正，以及闪光灯补偿，去测试人像的白晰程度。通常是过曝一点点，人会比较白晰。另外拍摄人像时，如果是采用竖幅构图的话，可以将模特儿的眼睛刚好放在上方对焦点的位置

Nikon D50、Tamron 28-75mm F2.8、75mm、
F2.8、1/60秒、ISO Auto、EV-0.7、光圈优先、矩阵
测光

◎ 台湾大学总校区

▲ 在特写时，记得要抓到模特儿的眼神。因为曝光的关
系，如果模特儿是穿白色衣服，必须要很小心控制曝光，
否则人像过曝一点点，而衣服的细节会全部消失而变成高
亮区，继而偏移了视觉重心

Nikon D50、Tokina 12-24mm
F4、12mm、F4.0、1/60秒、ISO
Auto、EV0、光圈优先、矩阵测光

◎ 台湾大学总校区

▶ 人像拍摄习惯使用85mm或135mm
焦段的人像专用焦段，但最难的是会
运用超广角镜头来拍摄人像。其实只
要有诀窍，用超广角镜头拍摄人像也
会是一种特殊的人像拍摄法。超广角
镜头边缘容易夸张变形，所以尽量让
人处于镜头正中央，再让脚的部分接
近边缘，会发现变形反而变成使模特
儿的腿会变修长

Sony NEX-5N、Navitron 50mm F0.95、F1.2、ISO100、光圈优先、点测光

⚲ 台大滴咖啡

▲ 倾斜构图法在熟悉之前尽量少用，不然常常会容易有反效果出现。画面中虽用倾斜构图，但还是让模特儿的头呈垂直方向的，这样感觉会比较平稳，而遮住一只眼睛、嘴唇微张、单手脱帽，以及抚摸桌面都是要营造一个性感妩媚的感觉。因为光圈值很小，所以需要对镜头的景深非常熟悉，否则整张脸将无法在清楚范围内，容易产生不安全感。现场光源则是窗边的自然入射光，来营造斜逆光环境，又可以有发丝光的边缘勾勒效果

Sony NEX-5N、Navitron 50mm F0.95、F2.0、ISO100、光圈优先、点测光

⚲ 台大滴咖啡

◀ 这张照片与上面照片是在同一个地点拍摄的，但使用的是不同的手法，一竖一横刚好可以来个比对，横竖之间的手法与效果，在照片中用了破格法的拍摄方式，整张墙面的广告牌占据了整个画面，而模特儿的上半身使用破格的方式，强迫让观者感觉到人像主角突入，另外光源一样采用自然光的斜逆光，使模特儿用侧面来面对镜头，造成显宽光的效果，趁势营造一种邻家女孩的感觉，（背景中故意不避开钓鱼线的错置，是想要做个诙谐的画面引导）

Nikon D800E、Kinoptik 100mm F2.0、F2.8、
ISO100、光圈优先、点测光

📍 台大滴咖啡

▲ 在很多人像摄影中，大多数的主角都是专业或有经验的
模特儿，但有时候拍出来的作品就是表情被制式化了，这
个时候不妨找个普通人以轻轻松松地生活化的方式来拍。
例如照片中不拘束地随拍人像，虽然会出现小缺点，但
是这种思考的表情有时候是很难装出来的，反而多了一点
灵性

Nikon D800E、Nikon 35mm
F1.4G、F1.4、ISO100、光圈优
先、平均测光

📍 新北投

▶ 在某些人像摄影中，会给予模特儿
一些特殊角色扮演的要求，通常需要
依照角色扮演需求来引导模特儿，因
为有时候她们不知道摄影师要的是什
么感觉，如果是动作片类型的外拍，
却让模特儿展现出楚楚可怜的样子就
很不搭调，所以摄影师适时的引导是
很重要的，而这一类有角色扮演要求
的人像摄影，通常摄影师的主导性很
重要，不然整个画面就会漏洞百出

Canon 5D、Kinoptik 100mm F2.0、F2.0、
ISO100、光圈优先、平均测光

📍菁桐车站

▲ 人像拍摄还有另一个重要的步骤就是取景，很
多重要的拍摄都需要事前勘景，但是重点就来
了，通常越受欢迎的景点就会在各大作品中出现
的几率很高，作品就不太容易凸显特色。有时候
换个场景，选择一个简单的街角，搭配模特儿随
兴的心情，来个简单的街拍人像，展现出来的随
兴与舒适性是另一种很难抗拒的魔力

Nikon D800E、New Kinoptik 100mm F2.0、F2.8、
1/640秒、ISO100、光圈优先、点测光

📍台北大屯山

◀ 人像外拍最难的就是如何掌控模特儿的表情，如果都只
是跟着别人引导的情况下拍，除了不太容易进步以外，也
无法引出不同模特儿的特色，因此如何跟模特儿沟通就是
一门学问了。另外这张照片的风格，很类似时下昵称"日
式风格"的手法，但吉米比较喜欢称之为逆光反差风格，
善用点测光以及相机宽容度极限的手法，让照片可以多点
清新脱俗的感觉

吉米小诀窍　常举办网站人像摄影的摄影网站：

http://www.17photofun.com
http://www.dslrfun.com.tw/
http://www.i-photo.com.tw
http://www.phototw.net/

专题人像摄影

　　专题人像摄影与一般人像外拍有个非常不一样的结构，就是有一个主题或是一个故事。通常这一类的摄影会限制拍摄人数，或是只有一个摄影师与一个模特儿。但这一类的人像摄影非常挑战摄影师的创意，以及模特儿是否有办法揣摩摄影师所要表达的意境。专题人像摄影通常拍出来的作品是非常吸引人的，因为除了模特儿的特色外，如果画面铺陈的好会令观者感觉很像在看小说一样，有着曲折绵延的故事张力。

Canon 5D、Schneider CineXenon 100mm F2.0、ISO100、光圈优先、点测光

📍 台北阳明山

▶ 专题人像摄影顾名思义就是给作品一个主题，摄影师必须遵循这个主题的脉络让模特儿就依照这个主题，不仅展现自己的特色，还要将整个故事可以完美的表现出来。此类的摄影，取景的地点与模特儿的感情流露就是最需要掌控的了

Canon 5D、Schneider CineXenon 100mm F2.0、ISO100、光圈优先、点测光

📍 台北阳明山

▶ 人像摄影不一定只能依照人像摄影的手法去拍摄，摄影的手法很多是共通的。像右图中，也可利用前中后安排的手法来拍，让模特儿夹在中间，有时候可以凸显一种聚焦式的窥视感，再加上模特儿的表情，感觉可以让人一窥内心世界的感觉，而感情如何表现就是考验摄影师如何引导模特儿的功力了

Canon 5D、Nikon 80-200mm F2.8、ISO100、光圈优先、点测光

📍 台北阳明山19号咖啡馆

▲ 找寻一个框架，框架的颜色是鲜艳的，这样不仅可以让整个画面活泼起来，也可以让模特儿融入环境当中，但服装的颜色就必须要思考得当了。另外因为窗室内的墙壁纹路以及摆设过于混乱，所以不开灯也不补光，使其不致于混淆人像主角的聚焦点

Canon 5D、Schneider Cine-Xenon 100mm F2.0、ISO100、光圈优先、点测光

📍 台北阳明山

◀ 很多人对于后期处理很排斥，但是有时候某些特殊的想法是很难拍得出来的，所以人像摄影加上适当的后期处理是可以拍出一些现实中原本不存在的思维，这种画面多了一点科幻的情境但也未尝不可，重点是后期处理的添油加醋必须拿捏得当

Canon 5D、Schneider Cine-Xenon 100mm
F2.0、ISO100、光圈优先、点测光

◯ 台北阳明山

▲ 主角是人物，但故事主题是画家，所以画作也
是另一个画面的元素，也就是另一个配角。人像
摄影的另一个思维是人不一定要全入景，故事的
过程中，某些情境动作加上配角元素，就可以让
观者被引入更深的故事情节当中，但如何拿捏裁
切比例和拍摄配角的视角，就需要拍摄者累积更
多的拍摄经验

Canon 5D、Dallmeyer Super-Six 76mm F1.9、
ISO100、光圈优先、点测光、Nikon SB800

◯ 台北阳明山19号咖啡馆

▶ 摄影是玩光的艺术，但光其实只是一半的主角，另一
半主角就是影，只会玩光只能算玩了一半的摄影，如
果会造影，那就可以玩出更千变万化的视觉艺术。画
面中的半黑半亮的光影比例，是利用超过闪光灯补光
速度的高速快门来拍摄的，因为快门速度过快，所以
光来不及补齐而造成半黑半亮的光影效果，另外测光
则以窗外的虚化景色为主要思维，让整个照片有点如
幻似真的感觉

吉米小诀窍 通常人像摄影需要非常注意光源的条件，而光源的特色有以下几种：

顺光：光源直射物体正面，拍摄不曝光，不容易出错，但最为平淡无特色。

斜顺光：光源斜射物体正面，适合建筑物拍摄，可以呈现轮廓与表面特色。

逆光：光源直射物体背面，剪影拍摄，或使用闪灯补光来让人与景同时呈现。

斜逆光：光源斜射物体背面，适合拍摄花卉等植物，会凸显透光性特色。

侧光：光源在物体的两侧，适合表现历经沧桑的人像，会凸显明暗的强亮对比。

顶光：光源在物体的上方，属特殊效果，人像会产生不好的阴影，应避免使用。

Canon 5D、Dallmeyer Super-Six 76mm F1.9、ISO100、光圈优先、点测光

📍 淡大图书馆

▲ 图书馆是一个很好拍摄的地点，但也因为图书馆内不能补光也不能喧哗，所以更挑战摄影师取景以及测光的功力。照片中有两个比较难的手法，第一是倾斜构图的角度，第二是俯视角的拿捏。而为什么照片左边没有出现书架终端的消失点？是因为考虑最末端是窗户会造成逆光效应而让照片失去彩度，当然如果喜欢逆光的低彩度摄影也是不错的构图方式

Canon 5D、Sigma 24mm F1.8、ISO100、光圈优先、点测光、Nikon SB800

📍 北投捷运站

▲ 超广角人像摄影是另一种人像摄影的挑战，因为很容易变形，所以很多视角拍起来会让主角极致夸张的变形。但是如果善于拿捏这样变形来造成张力，这样的摄影师通常功力都很强，因为广角拍人像比望远难。如果喜欢拍类似大头狗的萌派人像摄影，倒是可以请模特儿蹲下仰望，而摄影师利用超广角的俯视角摄影，拍出来的人像则会特别的可爱

吉米小诀窍　　何谓压光法？压光法应该不是正式的名称，一般摄影师称之为逆光补正。也就是当后面的背景比人像亮时，就变成所谓的逆光，拍摄时人脸因为逆光就会变成类似剪影一样而变得暗暗的。

先利用背景测光，使背景曝光正常，锁定测光后，再开启闪光灯做人像的逆光补正，因为闪光灯闪不到远处的背景，所以只会补光到人像上，这时候人像的逆光被补正了，也就变成人够亮而景也够亮，这样有点违反光学原理，所以有时候拍起来会觉得很像把人像剪下来贴在背景上一样。

Canon 5D、Sigma 24mm F1.8、ISO100、光圈优先、点测光、Nikon SB800

摄影创作赏析 ▶▶

就是爱

◀ 利用浅景深的概念表现出模特儿的青春洋溢

NikonD80、NikonAF-S28-70mm F2.8

📍 高美湿地
📷 小玉药师

失眠

▲ 让模特儿倒卧在旅馆的长毛地毯上，只使用一盏灯光来营造气氛，并用斜线构图来表现失眠的不安定感

Nikon D80、Nikon AF-S 28-70mm F2.8

📍 桃园IDO汽车旅馆
📷 MAX

風帶著蒲公英遠走
我，隨春天去流浪

春霏花艳 · 我和相机去旅行

▲ 利用低速快门(1/15秒)追焦拍摄移动中的人物，且故意失焦一些，营造动态意象

NikonD200+Nikkor-SAuto55F/1.2

📍 屏东六块厝
📷 好摄的肯特（KentCheng）

摄影创作赏析 ▶▶

玩水

▲ 即使稍有距离，80mm的焦距仍足以将主体抽出画面

Contax645+PlanarT*80mm/f2

📍 花莲七星潭

📷 HOBA

风+海+思念

▲ 画面中加上风吹的要素，黑白去掉颜色的干扰，
描写其孤单感与动作

RolleiflexAutomat6x6ModelK4

📍 花莲七星潭

📷 HOBA

飞扬。湛蓝花东

▲ 利用背景的湛蓝天空配合跳跃
者的青春气息

NikonD200+Tokina12-
24F/4+NikonSB-800

📍 台东海滨公园

📷 好摄的肯特（KentCheng）

摄影创作赏析 ►►

左营奇迹~虚拟双胞胎

▲ 使用脚架拍摄，在拍摄当下刻意将同一人物显像重迭，后期处理时使用合成照片，并利用镜子来加强空间感

NikonD200+Tokina12-24F/4

📍 高雄左营孔庙

📷 好摄的肯特（KentCheng）

当我们同在一起

▲ 请大家手牵手围成心型，包围着稀有的男性同学，营造大团结的友谊感

NikonD200+Tokina12-24F/4

📍 高雄市

📷 好摄的肯特（KentCheng）

哥俩好

◄ 两位病友共享一个点滴架，共同享受午后和煦的阳光

NikonD200+Nikon28-70F/2.8

📍 高雄义大医院

📷 好摄的肯特（KentCheng）

Today is my day!

◄ 用镜像（Mirror-Mapping）技巧，巧妙地将一张照片重迭显示，并且营造画面中央的爱心图案

NikonD200、Tokina12-24F/4

📍 鸟松湿地

📷 好摄的肯特（KentCheng）

Chapter 08

动物摄影 ——放低姿态 释放灵性

　　动物摄影中除了宠物摄影比较简单之外，其他动物摄影也是必须考虑环境因素，所以除了设备要好以外，对于环境的观察，自然光源的运用，以及长时间的等待，都必须有耐心地去慢慢克服，通常动物摄影要拍得好，失败的照片常常会比成功的照片还多，但是只要拍到一张就值得了。

　　拍动物大多可分为两种，远距的飞禽或大型动物，以及微距的小型昆虫类。通常远距拍摄使用超望远的大光圈定焦镜会有比较高的成功率，但是价格是非常昂贵的，例如300mm F2.8、500mm F4或600mm F4；而微距的动物拍摄适合的焦段就有90mm F2.8、105mm F2.8、180mm F2.8。这一类的拍摄如果镜头上有防抖装置的话会更好。

　　除了较为亲近的宠物可以使用广角端及标准端的镜头拍摄外，通常动物是比较怕人的，所以长焦距的微距镜，或是超望远焦段的镜头都是非常有助于拍摄这一类属于大自然的生态活动。如果有专用的闪光灯（环形闪光灯），或是VR或IS一类的防抖镜头，也会让成功率提升不少。

吉米小诀窍　拍摄动物通常有一个小小的技巧，就是放低身体，让自己的视线与这些动物的视线在同一水平线上，利用动物的视觉水平线去拍摄，会拍出一种非常奇特的感觉。也就是说一个摄影师要随时记得放低身段，随时学会谦虚低头以及融入环境，那么作品的情感与震撼力绝对会展现的淋漓尽致。

猫之拍摄

8-1

　　猫是属于比较阴柔性的动物，因此拍摄常常需要表现的是猫的神秘、慵懒、高贵与动作迅速，而猫是非常有个性的动物，不可能像狗一样听话。如果是被豢养的猫，可以近身使用广角大光圈镜头来拍摄带景的场景；但如果是拍摄街猫的话，需要使用长焦段镜头，以避免惊吓到猫，而失去拍摄的主体。

Nikon D50、Nikkor AF 80-200mm F2.8、185mm、F2.8、1/1600秒、ISO Auto、EV-0.7、光圈优先、矩阵测光

📍 台中武陵农场

▶ 有时候对于好动的动物，使用望远镜头与中央对焦点是最容易和焦，也最准确的方法，但是在构图的创意上就要多拿捏了

分享食物

Nikon D50、Nikkor DX 55-
200mm F4-5.6、200mm、
F11.0、1/160秒、ISO200、
EV0、光圈优先、矩阵测光

📍 台北淡水河岸

◀ 猫是一种很有个性的动物，尤
其是街猫对人的戒心常常都是很
重的，有时候准备食物给街猫，
或许就可以慢慢地捕捉它们的所
有动作

Nikon D50、Nikkor
DX 55-200mm F4-
5.6、200mm、F11.0、
1/160秒、ISO200、
EV0、光圈优先、矩
阵测光

📍 台北淡水河岸

▶ 在分享食物的过程
当中，如果是一群猫
就会有很多不期而遇
的动作出现，而最好
的准备就是把构图用
的合焦点刚好放在食
物附近，这样很多动
作在捕捉时就不会有
措手不及的感觉

守候与低身

Nikon D50、Sigma 18-50mm F2.8Macro、50mm、F2.8、1/250秒、ISO200、EV-0.3、光圈优先、矩阵测光
📍 台湾大学总校区
▲ 把角色互换一下，把自己当作是低身躲在树丛里的动物，再预先选择场景，说不定猫经过的时候就极可能捕捉到最有趣的场景了

Nikon D50、Sigma 18-50mm F2.8Macro、50mm、F2.8、1/320秒、ISO200、EV-0.3、光圈优先、矩阵测光
📍 台湾大学总校区
▲ 对于猫这种难以捉摸的动物，耐心与守候是最重要的。为了对比猫的颜色，可以守候在一大片草地上等待猫走到定点，有时候它也会很给面子地当一个称职的"猫模特儿"

随时准备捕捉瞬间

Nikon D50、Nikkor AF 80-200mm F2.8、200mm、F2.8、1/2000秒、ISO200、EV-0.7、光圈优先、矩阵测光

◉ 台中武陵农场

▲ 把机位放低，想象自己跟猫处在一样的世界，久而久之，它们也就习惯人的存在，这样猫的社交生活也就在身边出现了

Olumpus E-300、Carl Zeiss Jena135mm F3.5、F3.5、1/400秒、光圈优先、矩阵测光

◉ 台北淡水河岸

▲ 望远镜头对于拍猫会有很好的帮助。随时注意猫的动向，预先合焦在与猫差不多位置的地点，捕捉到的神情有时候是很难得的

Nikon D70s、Nikkor 35mm F2、35mm、F2.8、1/100秒、ISO Auto、EV0、光圈优先、矩阵测光

◯ 台北象山公园入口

▲ 猫随时都会有惊人的表情，把相机准备好，随时准备捕捉猫的表情，说不定地还会对你笑呢

Nikon D50、Nikkor AF 80-200mm F2.8、145mm、F2.8、1/1000秒、ISO Auto、EV-0.7、光圈优先、矩阵测光

◯ 台中武陵农场

▲ 找一个猫最有兴趣的地方，然后等待，很多趣事就会慢慢发生了

Nikon D70s、Sigma 24-135mm F2.8-4.5、135mm、F4.5、1/50秒、ISO Auto、EV0、光圈优先、矩阵测光

◯ 台北菁桐车站

▲ 对于很多有抖动和噪声多的照片都属于失败的照片，但是有时候要表达动态与速度感，这样的照片反而能够胜过静态照片

纪录猫的眼神

Nikon D50、Sigma 24-135mm F2.8-4.5、135mm、F4.5、1/160秒、ISO Auto、EV0、光圈优先、矩阵测光

📍 台北象山公园入口

▲ 利用望远焦端，预先准备好整个构图以及预先合焦，发出声响，在猫注视你的瞬间，眼神的传达就会被定格

Nikon D50、Nikkor DX 55-200mm F4-5.6、112mm、F5.6、1/100秒、ISO Auto、EV0、光圈优先、矩阵测光

📍 台北淡水河岸

▲ 躲在猫看不到的地方，将镜头准备好，等到一切都准备就绪后，发出声响，猫就会好奇的探头过来

Nikon D50、Nikkor DX 55-200mm F4-5.6、200mm、F5.6、1/200秒、ISO Auto、EV0、光圈优先、矩阵测光

📍 台北淡水河岸

▲ 拍摄动物眼睛是重点，所以合焦几乎都是在眼睛上，猫也不例外，而且它们随是都会是在注意身边的动静，连休息时也是

夜里神秘的猫

Nikon D50、Leitz Summicron-R 50mm F2、F2、1/25秒、ISO Auto、EV0、手动模式、矩阵测光

◎ 台北大直小区

◀ 猫有夜间活动的习惯，有时候反而会在晚上看到它们活跃的模样，但如果它们有戒心，就利用较远的距离进行拍摄，让它们在稳定的构图点，并且融入整个街道的夜生活

Nikon D50、Leitz Summicron-R 50mm F2、F2、1/40秒、ISO Auto、EV0、手动模式、矩阵测光

◎ 台北大直小区

◀ 如果可以找到一个背景有许多灯光点的地方，那么大光圈与适当的距离就可以拍出猫与这些霓红光点的不同感觉。记得低下机位，还给猫科动物一个猎食者高高在上的尊严

吉米小诀窍　猫有许多动作是可遇不可求的，而且猫的动作常常是非常迅速而不可预测的，所以开启连拍功能、大光圈、动态焦点预测以及高速快门，都可以捕捉到非常有趣的猫咪摄影画面。

摄影创作赏析 ▶▶

左顾。右盼

◀ 1/3跟2/3+前景带后景+长焦把2只猫压缩在一起

Nikon D50+Nikkor 18-200mm

📍 土耳其

📷 BuckJohn

冒险

▲ 拍摄宠物需适时的引导，这张是利用了小猫的好奇心诱使小猫走过来拍下这个画面

Nikon D1H+Nikon AF 28mm f1.4 D

📍 家中

📷 HOBA

好奇

▲ 利用超广角镜头的透视感，极近地接近被拍摄物并诱使被拍摄物拍摄者互动

Olympus E-300+ZuikoDigital7-14mm/f4

📍 花莲

📷 HOBA

狗之拍摄

　　狗是属于比较阳刚性的动物，需要表现的是狗的俏皮、忠心、好动，以及狗的亲昵。许多狗是有被训练过的，所以相较于猫来说，狗比较容易像模特儿一样做指定动作摄影。通常如果是有训练过的狗，跟猫一样，可以近身使用广角大光圈镜头来拍摄带景的场景；但如果是拍摄流浪狗的话，需要使用长焦段镜头来避免惊吓到它，另外一方面不同于猫的摄影，要小心流浪狗的攻击性。

不同的角度

Nikon D50、NikkorVR24-120mm F3.5-5.6、120mm、F5.6、1/80秒、ISO Auto、EV0、光圈优先、矩阵测光

◎ 宜兰南方澳

▲ 利用俯瞰的角度，去拍狗群，常常会出现一个很有趣的几何构图，尤其是拍不同颜色的狗时

Nikon D50、NikkorDX55-200mm F4-5.6、200mm、F5.6、1/400秒、ISO200、EV0、光圈优先、矩阵测光

◎ 高雄新光码头

◀ 狗通常比较不会怕人，所以在人的身边也会有非常自然而没有戒心的举动，尝试去使用不同的视角，例如左图中原本应该预留给眼神的视向空间，被照片边缘所阻挡，因为它被狗链所束缚了

Nikon D50、Topcon Topocor 58mm
F1.4AIS、F2、1/125秒、ISO Auto、
EV0、光圈优先、矩阵测光（手定镜自动
对焦AF机构）

◎ 台北永春岗公园

▲ 背面摄影有时候也是一种传达感觉的构图
方式，预留给眼神一个视向空间，从背面拍
它，或许会好奇它在好奇些什么

Nikon D50、Nikkor DX 55-200mm F4-5.6、170mm、F2.8、1/320秒、ISO Auto、
EV-0.3、光圈优先、矩阵测光

◎ 台北阳明山山仔后

▲ 狗总给人流浪汉的感觉，所以有机会试试把光鲜亮丽的强烈背景去对比街头的流浪狗，有
时候才会发现自己过得多幸福

捕捉瞬间

Nikon D50、NikkorVR24-120mm
F3.5-5.6、120mm、F5.6、1/800秒、
ISO Auto、EV0、光圈优先、矩阵测光

◎ 台北金山海水浴场

◀ 利用望远镜头从不同的角度去看狗的活
动，调整设定让快门速度到达最高，在有狗
有人的地方，会常常拍到狗疯狂运动的模样

Nikon D50、Nikkor 35mm F2、35mm、F8.0、1/100秒、ISO Auto、EV-1.0、光圈优
先、矩阵测光

◎ 花莲赤柯山

▶ 狗的好动是个动态摄影的好题材，就算是在车上摇下车窗时，它也会随时准备好上演一出
乘风破浪的戏给你看

与人互动

Nikon D50、Tam-
ron 28-75mm F2.8、
44mm、F2.8、1/1000
秒、ISO Auto、
EV0、光圈优先、矩
阵测光

◉ 八里渡船头

◀ 狗是人类最忠实的
朋友，所以狗的照片
里面有人可能才是
最传神的一种构图方
式。尝试不要让每个
人都同高，这样拍出
来的照片有时候会有
种俏皮味

Nikon D50、Carl Zeiss Jena135mm F3.5、F3.5、1/1000秒、ISO Auto、EV0、手动模
式、矩阵测光

◉ 八里渡船头

▲ 利用食物和水的引诱，有时会可以拍到非常传神的宠物表情，而且尽量让头部完整入镜

Nikon D50、Tamron 28-75mm
F2.8、65mm、F2.8、1/1000秒、ISO
Auto、EV0、光圈优先、矩阵测光

◉ 八里渡船头

▲ 把狗拟人化也是个不错的想法，帮狗戴
上眼镜，然后把焦点对在狗狗的太阳眼镜
上，马上会看到它眼里的世界是多么的有
趣，记得让眼睛尽量在构图点的位置

吉米小诀窍 　狗跟人比较亲昵，除了拍摄流浪狗以外，通常可以让狗狗与主人玩起来，或是
由主人去命令狗狗做一些俏皮的动作，让人与狗同时入景，可以刻画出一种比较不同于野性动
物的拍摄方式。

8-3 | 鸟之拍摄

　　说到鸟的拍摄，在摄影界流行一句话：要拍好飞鸟摄影，只有钱才有办法达成。的确，通常鸟对人的警戒心是非常高的，而且动作非常迅速，所以鸟友通常都喜欢使用超过300mm以上的高倍望远镜头，甚至有高达1200mm的超望远摄影镜头，这些镜头动辄就是数万元起跳。所以通常拍鸟是属于比较高门槛的摄影活动，而且常常需要花费好几天的时间，甚至住在伪装帐里面至少一个星期，对于有工作的上班族是很难克服的。

　　但是有时候拍鸟也不一定要一次就攻顶，就算拿着例如Nikon的套机镜55mm-200mm或50mm的镜头，也可以捕捉到非常珍贵的牛片，重点是善于观察环境变化，只要有心且了解鸟的习性与季节特性，这些都不是难事。但是记得要以一个摄影师的角度来拍：只留影像，而不破坏。这样才会有更多的机会，可以欣赏这些"空中朋友"的英姿。

单一飞羽

Nikon D50、Tamron 500mm F8、1/50秒、ISO200、EV0、手动模式、中央测光

📍 台北植物园

▲ 买不起昂贵的大炮，也没时间去荒野搭棚伪装，但其实植物园内常会有最多的鸟类。准备一个负担得起的手动折返镜，搭配APS-C画幅的相机，或许慢慢对焦的期待感，以及捕捉与众不同的鸟的姿态时，会给你比使用大炮等级的高端望远镜头还要感动

Nikon D50、Tamron 500mm F8、1/400秒、ISO200、EV0、手动模式、中央测光

♀ 台北植物园

▲ 在拍鸟独照的时候，记得留给它一个视向空间的缓冲，鸟的头朝哪里，就给它那个方向的空间，再尝试一下垂直构图的不稳定性与活泼感，以及横向构图的平稳及延伸感

Olympus E300、Carl Zeiss Jena 135mm F3.5、F4、1/1000秒、ISO100、EV0.7、光圈优先、中央测光

♀ 台北淡水河岸

▲ 船头与海常常会是拍鸟的绝佳地点与构图方式，等待一下，或许机会就这样来了，如果镜头对焦速度不够快，尝试先把镜头合焦在预测点附近的物体

Nikon D50、Nikkor AF 80-200F2.8、200mm、F5.6、1/400秒、ISO200、EV0、光圈优先、矩阵测光

♀ 南投清境小瑞士

▲ 拍鸟不一定要充满整张照片，说不定环境里一个小点上的小鸟，反而会给人一种怡然自得的感觉，但还是要记得整个线条与主题的平衡

群体的飞羽

Nikon D50、Nikkor VR 24-120mm F3.5-5.6、100mm、F5.6、1/1250秒、ISO200、EV0、光圈优先、矩阵测光

📍 台北阳明山

▲ 看似简单的天空，如果在左上角构图点有一点点白线，与右下角构图点上的三只小鸟，也会有种不同的感觉

Nikon D50、Nikkor VR 24-120mm F3.5-5.6、120mm、F5.6、1/250秒、ISO200、EV0、光圈优先、矩阵测光

📍 台北阳明山

▲ 抬头看一下天空，如果电线上有一群鸟，尝试把它们放在对角线上，然后让云可以平均分布，说不定在鸟类最小个体空间中找到一种新平衡

OlympusE300、Carl Zeiss Jena 135mm F3.5、F4、1/100秒、ISO100、EV0.7、光圈优先、中央测光

📍 台北淡水河岸

▲ 拍群体的鸟，有时候创意就很好用，说不定一堆麻雀也可以来个"孔雀开屏"，记得考虑一下水平构图三分法的比例

随机的飞羽

Nikon D50、Sigma18-50mm F2.8Macro、50mm、
F2.0、1/500秒、ISO Auto、EV0、光圈优先、矩阵测光
◇ 台南安平古堡
◄ 50mm的标准焦段也是可以拍鸟的，关键在于怎么去做
构图创意，说不定这种创意就在一只鱼嘴上的鸟身上

Nikon D50、Nikkor DX 55-200mm F4-5.6、
200mm、F11、1/200秒、ISO200、EV-0.3、光圈优
先、矩阵测光（手动镜自动对焦AF机构）
◇ 日本京都御苑
▲ 就算没有大炮级的望远镜头，也不要气馁，尝试使用
身边已有的器材设备去捕捉飞羽，就算是拍摄一般的鸟
类也会非常有成就感

Nikon D50、Nikkor DX 55-200mm F4-5.6、
200mm、F2、1/100秒、ISO200、EV-0.3、光圈优
先、矩阵测光（手动镜自动对焦AF机构）
◇ 日本京都御苑
▲ 拍飞羽时大多使用望远焦段，但也不是一定要大特
写，记得搭配环境与背景中的散景，利用色彩管理去让
鸟类融入于大自然中，照片才会更自然

捕捉动态的飞羽

Nikon D50、Nikkor 80-200mm F4.5Ais、1/400秒、ISO200、EV-3.0、光圈优先、矩阵测光

▼ 台北阳明山平等里

▶ 一群鸽子与101大楼会是怎样的组合？鸽子这一类的动物常常会有固定的飞行路径，将101大楼放在构图线上，就等鸟群飞过来按下快门这么简单了，如果怕手动镜头来不及对焦，那就缩小光圈，预测一下中心点的位置吧

Nikon D50、Nokkor AF 50mm F1.8D、F1.8、1/2000秒、ISO Auto、EV-0.3、光圈优先、矩阵测光

▼ 台北大安森林公园

▶ 用50mm标准手动镜头有办法拍鸟冻结飞翔的动作吗？可以！只要把合焦点先对到鸟身上，开启连拍，并想办法开大光圈以及调高ISO让快门速度够快，拍摄就方便多了

吉米小诀窍 除了俗称打鸟镜（超望远大光圈镜头）的高级镜头外，很多品牌的入门望远镜头就有超高的画质，例如Nikon AF-S 300mm F4，而如果想要更低价的长焦段镜头的话，可以考虑一些500mm焦段的二手折返镜头，这些手动镜头价格不贵，但是却有非常高的性价比，例如Tamron500mm F8Reflex折返镜头。

其他动物摄影

在不同类的动物摄影时，一定得要做好准备，除了适当器材的准备以外，还要非常了解这些动物的季节特性与日夜生活习性，才有办法真正掌握这些动物的生活特性，有时候了解它们比使用高端器材更重要。

有些属于夜行性生活的动物，还必须要准备适当的补光设备，才有办法拍摄出这类动物的生态摄影。这类夜间生态摄影是属于门槛比较高的摄影活动，例如拍摄夜间的蛙类，如果各位有兴趣的话可以关注这类的网站。还是记得一句话：不要利用设备去干扰这些动物的生存空间，尊重才会有更宽广的摄影空间。

> **吉米小诀窍**　在蛙类摄影和夜间摄影，有一群非常有经验的摄影师，这群摄影人从不吝啬与人分享所有的拍摄技巧，前往这个网站可以找到更多更专业的教学。
> 青蛙小站：http://photo.froghome.tw/
> 青蛙小站提供的夜间生态摄影教学连结：
> http://hoher.idv.tw/frog/night_shot.pdf（PDF格式）

一般类

Nikon D50、Tamron 500mm F8、1/320秒、ISO Auto、EV0、手动模式、中央测光
📍 台北植物园
▲ 拍摄难以接近的小动物时，尽量使用望远焦段，焦距可能越长越好，不要急着按下快门，有时候等待一下，这种刚刚好的难得平衡构图方式也会出现，而另外就是这种场景最难的是，不要让白色的花变成死白一片

Nikon D50、Nikkor VR 24-120mm F3.5-5.6、120mm、F5.6、1/250秒、ISO Auto、EV0、光圈优先、矩阵测光

◯ 花莲港

▲ 海豚的摄影机会不多，但是如果有机会的话，记得为相机装个防水套防止海水的飞溅，另外因为船身本身会晃动，有防抖的VR或IS镜头就方便许多了，开大光圈或是调高ISO，尽可能的让快门速度够快，另外如果不相信自动追焦，则利用中央对焦点对焦会是最准的，等事后再裁切构图就好了

微小类

Nikon D50、Topcon Topocor 58mm F1.4 AIS、F2、1/400秒、ISO200、EV0、光圈优先、矩阵测光

◀ 如果没有微距镜拍昆虫，也可以让昆虫融入背景的拍法，因为一片绿过于单调，所以将右下构图点的位置利用背景透射的颜色来营造高亮区，等待昆虫爬到定点位置就可以按下快门了

Panasonic FX7、5.8mm、F2.8、1/300秒、
ISO100、EV0、手动模式、矩阵测光

 日本东京明治神宫

◀ 如果没有单反相机或微距镜头，也可以利用消
费型数码相机（DC）的近摄功能拍摄（通常该
功能符号是一个花朵的形状），让昆虫可以拉
到最近的距离，而如果觉得DC不太容易出现散
景，可以找一个主体与背景距离很远的地方，散
景也就可以创造出来

　　　　　在动物摄影方面，常常会需要用到微距镜头，而上面通常会有放大倍率的标
识，而放大倍率的标识方式是胶片（感光元件）成像大小与物体实际大小的比例。
例如标识为放大倍率是1:3，表示拍出来照片上的成像大小会是物体实际大小的三分之一。
但放大倍率与画幅之间是不会影响的，只是同一倍率下物体会被裁切，例如1:1的微距镜，只有
镜头与物体在一个固定距离时，才会刚好放到最大倍率的1:1。假设同一距离，使用全画幅相机
时，一张照片刚刚好可以容纳一只1:1的蝴蝶，那APS-C画幅的相机只能拍到一只被切头切尾
的1:1的蝴蝶，所以最大放大倍率还是只到1:1。不过如果想要放更大的话，可以尝试使用镜头
转接环。

神情捕捉

Nikon D50、Nikkor DX 55-200mm F4-5.6、165mm、F5.3、1/400秒、ISO Auto、EV0、光圈优先、矩阵测光
 高雄市柴山

▲ 猴子跟人一样也有社会行为，有时候拍动物时把它们想象成人，找个稳定的构图点，或是光线洒落的背景拍摄，这
种动物行为有时候跟拍人文摄影一样好玩

Nikon D50、Nikkor DX 55-200mm F4-5.6、135mm、F5.0、
1/60秒、ISO Auto、EV0、光圈优先、矩阵测光

📍 高雄市柴山

▲ 仰拍总是可以营造主体高高在上的感觉，而不管拍摄什么动物，眼神都是最重要的。如果在阴暗的地方闪光，要注意不要有任何的树枝在主体与闪光灯之间，另外闪几次就好，不然它们的眼睛也是会很难受的

Nikon D50、Nikkor DX 55-200mm F4-5.6、200mm、F5.6、
1/60秒、ISO Auto、EV0、光圈优先、矩阵测光

📍 高雄市柴山

▲ 这种表情的特写，通常要把最重要的眼睛摆在构图点上，而合焦点也几乎一定要在眼睛上，这样可以拍出传神的感觉

吉米小诀窍 在动物园时常常会有玻璃隔开动物和观者，而有时候又是很暗的空间需要打闪光灯，就会出现例如图中所示的反光，几乎无法拍摄，有两种方法，一个就是相机贴近玻璃，使之没有反射的路径空间；第二个就是装上CPL环形偏振镜来滤掉偏振光。但是这只是方法，使用闪光灯动物会不舒服，尽可能不使用就不使用。

摄影创作赏析 ▶▶

好奇的松鼠

活泼乱跑的松鼠看到相机及镜头后，好奇
站起来瞧了一眼，就溜走了，捕捉这难得
的画面

Canon 300D+EF17-40F4L

📍 华盛顿林肯纪念馆前
📷 smallufo

大蜘蛛上场

微距摄影打灯是很重要的，这张利用了一个闪光灯与大扩
散板来均匀补光

Olympus E-330+Zuiko Digital Macro35mm/F3.5

📍 花莲月芦
📷 HOBA

暴跳如雷的棘蚁

轻触叶片扰乱工作中的棘蚁，抓住它发火的模样

Nikon D200+Nikon Micro105mm F/2.8VR

📍 南投水里
📷 好摄的肯特（KentCheng）

Chapter 09

婚礼摄影 ——闹而不乱 浪漫温情

　　会参与婚礼摄影除了是为了好友而两肋插刀，通常是一些比较有经验的摄影人开始步入商业摄影的第一关。这种有记录意义摄影与一般的随性摄影不一样，随性摄影如果拍错可以重来，但婚礼摄影是庄重的典礼，通常机会只有一次，而且环境也不是可以随便掌控的，随时都会有突如其来的状况发生，但重点是就算状况再多还是得要完整地纪录下来，因为这种活动只有一次而不能重头再来的。

　　婚礼摄影注重的是完整的流程记录，所以通常定焦镜头在此时是很难运用的，而且因为环境变动快速，光源不易掌握。这个时候支持防抖功能的广域焦段变焦镜头（18mm-200 mmVR、24mm-120mmVR与28mm-135mmIS等之类的变焦镜），以及高档闪光灯绝对是成功抢拍的因素。在补光方面，也需要善用柔光罩、跳灯与内置反光板的不同补光技巧。

吉米小诀窍

1. 婚礼非艺术照不能重来，宁滥勿缺，拍摄时开启连拍功能与光圈优先模式，宁愿无构图或闪光不足，但是一定要抢到画面。

2. 确定婚礼进行流程，赶在新人前回头拍摄，留记录才是前提，现场混乱要有爬上桌或趴地拍摄心理准备。

3. 如果同时有两位以上摄影师拍摄就会有闪光干扰，事先沟通好，先等第一位摄影师使用闪光灯拍摄完，下一位摄影师才能再第二次使用闪光灯拍摄。

4. 使用RAW格式存储文件，在后期处理时可以救回许多因慌张而设定错误照片，如果需要高速抢拍可用高ISO。

5. 闪光灯回电不足时拍摄的照片会一片黑，不要急着删除，如果是用RAW格式存储的文件，可以利用后期处理来补强。

6. 构图不好的照片不要急着删，后期处理的过程可以利用裁切来重新构图，所以婚礼现场要用最大分辨率来拍摄。

7. 流水席现场会常有混乱的人潮，可用大光圈拍摄的散景及长焦段的压缩背景来减低混乱的背景。

简易自助婚纱纪录

　　通常在婚礼之前，很多新人会去拍摄婚纱照，商业婚纱拍摄的昂贵道具与设备是一般拍摄者所无法负担的。但是通常这一类的摄影会因为商业需求，常常不是出现后期处理太过，就是出现千篇一律的动作与场景，所以在拍摄的同时，常会邀请那些懂摄影的亲朋好友来做婚纱侧拍。一般正常的情况下只要不干扰现场拍摄进行，婚纱摄影师大多会同意这种侧拍，这种侧拍有时候才会拍出新人真正感情流露的婚纱花絮。

Canon 5D、Schneider Cine-Xenon 100mm F2.0、ISO100、光圈优先、中央重点测光、移动式外拍持续灯

▲ 婚纱摄影比一般的人像摄影要求更多，不仅是需要人像摄影师，还需要彩妆师与婚纱设计师配合，有时候还需要一名灯光助理。婚纱摄影因为属于艺术照的范畴，所以决定性取决于两件事：摄影师取景的优劣与数码后期处理的手法，但民间很多婚纱公司只重视后期处理部分，争议就会比较多，所以自助婚纱就越来越盛行了

Canon 5D、Schneider Cine-Xenon 100mm F2.0、ISO100、光圈优先、中央重点测光、移动式外拍持续灯

◀ 婚纱摄影常常需要把感情拍出来。因为新人都不是专业的模特儿，面对镜头难免生疏了一点，所以摄影师给新人一个故事拍摄主题，让新人去揣摩，摄影师在一旁导引、例如，让新人面对面去想象亲吻的感觉，快要亲吻却还未接触的这种点到为止的暧昧主题，常常会有意想不到的惊人效果

吉米小诀窍　很多新人都只能在平常日拍摄婚纱，其实无法离住所太远，所以常常会在市中心拍摄婚纱，就上述照片是在台北市政府旁取景，所以如何让背景点到为止的衬托以及回避路人的取景拿捏就很重要了。

Canon 5D、Canon 24-70mm F2.8、F8.0、ISO100、光圈优先、点测光

◀ 婚纱摄影后期处理中常常会加上一些艺术字体与边框，这时候拍摄时的适当留白就非常重要。照片的拍摄场景其实是逆光场合，但利用增加EV值的方式而不补光，可以让主角不至于过暗，而天空过曝的留白效果，刚好可以拿来在后期处理时，方便加上一些画龙点睛的艺术边框及造型文字（为了教学效果，本照片为尚未后期处理的照片，尚未加上任何文字效果）

Nikon D200、Nikon 85m F1.4D、F2.0、ISO100、光圈优先、平均测光

▲ 在人像摄影当中，有时候情境照的拍摄模式会给观者一种很特别的感受，因为这样在婚纱摄影时，可以利用破格法来拍摄，找个简单没有任何特别明显主体的场合，让新人摆出相依、席地而坐等自然姿势，去营造一种照片中很简朴、但却能引导观者融入该场合而想象出的故事情节。所以有时候可以思考一下，人不一定要拍正面，有时候拍背面效果反而会更有深度

Nikon D50、Nikkor DX 55-200 mm F4-5.6、120 mm、F5.6、1/400秒、ISO Auto、EV-0.3、光圈优先、加权测光

📍台北阳明山冷水坑

◀ 如果场景拍出来过于单调，尝试在后期处理时试试看上柔光、转色调，或去饱和，那种艺术照的浪漫感就油然而生了

Nikon D50、Nikkor DX 55-200 mm F4-5.6、200 mm、F5.6、1/500秒、ISO Auto、EV0、光圈优先、中央测光

📍台北阳明山冷水坑

▲ 侧拍与正式拍婚纱不一样，有时候让摄影师与新人的互动入镜，反而会是新人最珍惜的过程纪录。记得主角还是新人，所以从摄影师的背后去拍，并合焦在新人的眼睛上

吉米小诀窍　如果怕干扰婚纱摄影师拍摄的进行流程，在婚纱侧拍时，不要使用闪光设备，并且使用长焦段的镜头来做侧拍，这样就可以两全其美，不仅可以做到背景压缩的效果，也不会影响新人与婚纱摄影师之间的互动。

9-2 迎娶纪录拍摄

迎娶纪录拍摄通常会比喜宴纪录还要忙碌，而且会很难控制时间。迎娶会选择良辰吉时，所以是摄影师需要去配合迎娶的人家，通常可能一大早六点就要起床出发去迎娶，而且最好前一晚可以住在男方家附近，跟着男方一起出发，而且要跟男方家协调好，必须让摄影师的车子先到，而让摄影师在女方家拍摄男方莅临迎娶的场景。

在女方家的摄影之前则必须先协调好，在迎娶之前让摄影师进入女方的闺房，拍摄迎娶前的化妆以及准备花絮，摄影师需事先协调好，避免会有新娘服装不整的尴尬场面出现。另外就是传统迎娶过程的细节记录，从祖先祭拜、汤圆进食、到父母拜别，乃至女方丢扇的场面，都是很重要的记录时间点。切记一件事，这是新人的结婚典礼，重要的是记录流程，而不是摄影师发挥创意的实验场合，一切以完整记录下来为原则。

Canon 5D、Canon 35mm F1.4L、F2.0、ISO100、光圈优先、点测光

▲ 照片中并没有出现任何完整的人物，但却要营造一种待嫁的那种又期待又怕的情境，只要能够用心找，一定会有更多的视角可以将新人的那种感情与感受在照片中表现出来，那就是一个成功的婚礼摄影师了

吉米小诀窍

随着数码单反的越来越普及化，婚礼（喜宴）摄影的这个行业如雨后春笋般的出现，但是思考一下，在突发状况一堆的快速摄影情境中，如何去捕捉最具情感的角度拍摄；思考一下，那些人事物对于拍摄者算是比较没有意义，但对于新人与其家属来说是一辈子只有一次的记忆。除非是参加纯西式的教堂婚礼，不然传统的中式婚礼，在婚礼过程中可是非常混乱的。记得一件事，典礼类的摄影是关系着新人一辈子的记忆，数字时代接案的门槛低，但是摄影师的自律才是最重要的一环，别刚学摄影就兴冲冲地不负责任去接案。

Canon 5D、Canon 24-70mm F2.8、ISO100、光圈优先、平均测光、Canon 580EX-II

◀ 迎娶的过程当中会有很多不可逆的重要场合，例如去扇、泼水、过火、破瓦等的重要时间点，这个时间点可是完全不能漏掉的，如果没有把握就用广角镜头把相机开启连拍功能，而有外加机顶闪光灯的话则需要开启频闪功能，这样才不会出现来不及拍摄的尴尬场面

吉米小诀窍　如果手中的相机连拍功能不够强，那就事先跟新人及家属商量好，做动作时来个停顿，而快到该时机点时，也可以出个声提醒新人慢一点点，所以事先跟新人拿到婚礼进行的行程表是很重要的。

Nikon D50、Nikkor 35mm F2、35 mm、F2.8、1/30秒、ISO Auto、EV0、光圈优先、加权测光

▲ 迎娶的入门第一件事常常就是进食汤圆，虽然不是拍人，但记录这一项，这可以当作是整个过程的开端

Nikon D50、Tokina 12-24mm F4、12 mm、F4.0、1/60秒、ISO Auto、EV0、光圈优先、加权测光

▲ 不同的习俗会有不同的仪式，最好跟家属沟通后，先入座然后以广角的视角去记录吃汤圆这个过程

Canon 5D、Canon 35mm F1.4、ISO100、光圈优先、平均测光、Canon 580EX-II

▲ 如果可以，提前跟女方约好，在仪式开始前提早一到两个小时到女方家，把新娘与化妆师间的互动拍摄下来，这个时刻新娘常常会有很多不舍的表情出现，也不一定要是正面，有时候拍摄背面再加上逆光效果的感觉会非常强烈

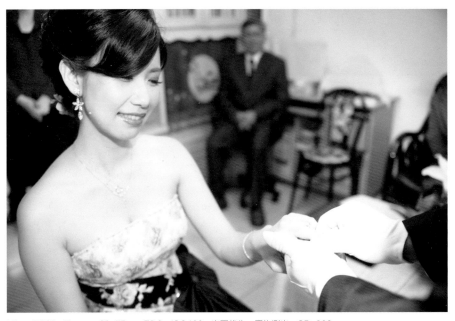

Nikon D700、Tamron 28-75mm F2.8、ISO100、光圈优先、平均测光、SB-800

▲ 迎娶过程的几个重要步骤中，其中一个就是带戒指，有些人会习惯拍手部特写的部分，但有时候不妨用广角镜头，将新娘或新郎的表情一起记录下来，感情的流露会让照片更有加分效果

Nikon D50、Nikkor VR 24-120mm F3.5-5.6、120 mm、F5.6、1/60秒、ISO Auto、EV0、光圈优先、加权测光

▲ 仪式的过程中所有动作都是非常重要的，尝试利用不同的视角去记录这无法重复的每一个关键点

Nikon D50、Nikkor VR 24-120mm F3.5-5.6、120 mm、F5.6、1/60秒、ISO Auto、EV0、光圈优先、加权测光

▲ 这个插上香炉的动作也就代表了这一些已成定局，仪式正式开始，所以务必想办法把完成前的动作过程瞬间记录下来

Nikon D700、Tamron 28-75mm F2.8、ISO100、光圈优先、平均测光、SB-800

▲ 有一个很容易忘记拍的点就是，新娘最后离开娘家前的全家福照片，这是对于新娘一辈子最重要的记忆，但因为大家都手忙脚乱，如果这时候摄影师可以临危不乱，提醒家属一定要拍全家福的照片，那也可以帮新人保留不少一辈子一次的记忆

Nikon D50、Tamron 28-75mm F2.8、50 mm、F8.0、1/60秒、ISO Auto、EV0、光圈优先、加权测光

◄ 新娘的眼泪是对娘家的不舍，这种眼泪是不能重来的，在准备拜别父母之前，镜头要随时注意新娘的表情变化。仪式开始的瞬间，一定要掌握新娘流泪的那一刻，这绝对是关键性的时刻

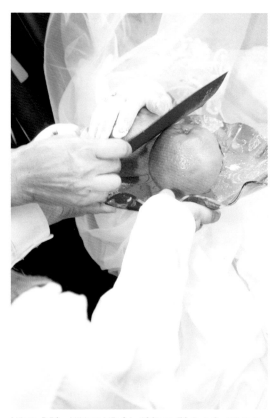

Nikon D50、Nikkor VR 24-120mm F3.5-5.6、24 mm、F5.0、1/60秒、ISO Auto、EV0、光圈优先、加权测光

▲ 人像特写要拍，但是整个场景的纪录也要留下，这个时候在屋内18mm 左右的广角镜头就会派得上用场了。记得过程记录下来才是最重要的，是不是大光圈不重要。所以对于Nikon18-200mm VR、Nikon24-120mm VR或28-135mm IS（FF）搭配上闪光灯后都是上上之选

Nikon D50、Nikkor VR 24-120mm F3.5-5.6、58 mm、F8.0、1/500秒、ISO Auto、EV0、手动模式、加权测光

◉ 台北新北投

▲ 某些习俗中，整个仪式的结束就是献茶、献果与红包的交换。这个时候如果场景混乱，可以利用特写方式把交换的过程定格下来

Nikon D50、Tamron 28-75mm F2.8、28 mm、F8.0、1/60秒、ISO Auto、EV0、光圈优先、加权测光

▲ 盖头纱是整个仪式重要的部分，摄影师务必要提醒家属要定格拍摄，如果现场混乱，则可以爬上桌椅用俯瞰的角度拍摄。如果跟家属有事先沟通过，这种盖纱的仪式就可以好好构图了

Canon 5D、Canon 24-70mm F2.8L、ISO100、光圈优先、平均测光、Canon 580EX-II

▲ 在迎娶车队出发前，新娘会有种忐忑不安心情，如果可以记录下来也是不错的主题。但因为有时候新娘的妆已经哭花了，新娘可能不太愿意拍脸部，这个时候纪录一下持扇的手也是一种很好的取景方式

Nikon D700、Nikon 80-200mm F2.8、ISO400、光圈优先、平均测光

▲ 扇子丢出前，一定要跟新人协调好，摄影师站定位开启连拍功能之后，听到摄影师口令再丢扇子，否则这个重要时刻没记录到，不只摄影师会有自责感，新人也会觉得很可惜

Nikon D50、Tamron 28-75mm F2.8、75 mm、F2.8、1/500 秒、ISO Auto、EV0、光圈优先、加权测光

▲ 如果丢扇子的时刻不容易拍到，那就在丢扇子前利用特写把新娘的手与扇子拍下来

Nikon D50、Tamron 28-75mm F2.8、62mm、F2.8、1/500 秒、ISO Auto、EV0、光圈优先、加权测光

▲ 利用较高的快门速度，把出发时的鞭炮火光记录下来，也象征是一个出发的起点

Nikon D50、Nikkor VR 24-120mm F3.5-5.6、24 mm、F8.0、1/250秒、ISO Auto、EV0、光圈优先、加权测光

◉ 台北社子

▲ 前往喜宴的过程中，如果可以协调的话，尝试赶在礼车之前，把这种期待婚嫁的速度感拍下来

吉米小诀窍

通常迎娶是整个婚礼过程中很重要的仪式，如果担心相机突然出问题，所以摄影师必须准备两台相机以备不时之需。而准备两台相机也有个好处，一台接上广域焦段的变焦镜做纪录使用，另一台则可以接上大光圈的广角定焦镜来做气氛营造。在没时间的时候，使用变焦镜做记录。当新人有空档的时候，则使用大光圈定焦镜来做一些有趣或有气氛的场景营造。

喜宴纪录拍摄

　　喜宴纪录拍摄通常不外乎迎客、入座、致词、敬酒、答礼以及送客，所以通常都是一群人互动的摄影环境。这时至少需要等效焦距24mm以上的广角镜头才够全部纪录，所以广角到超广角的镜头在这时候最方便使用。如果是想要用18mm-200mm的镜头，且要一镜到底，大概最常用的就是18mm的焦段了。喜宴纪录最容易拍出气氛的是在饭店举办的喜宴，摄影时通常比较不容易环境干扰，但是如果是属于路边流水席式的喜宴纪录时，就是考验摄影师对于摄影减法中去除环境干扰的功力了。

Nikon D50、Nikkor 35mm F2、35 mm、F2.0、1/80秒、ISO Auto、EV0、光圈优先、加权测光

◎ 台北树林

▲ 流水席是喜宴纪录最难拍的，因为通常现场光源混乱，而且出入的人员会非常复杂，所以利用现场的花圈或气球来减少环境的干扰

Nikon D50、Nikkor 35mm F2、35 mm、F2.0、1/60秒、ISO Auto、EV0、光圈优先、加权测光

◎ 台北树林

▲ 在宴会开始前会有一段时间，可以换上大光圈镜头，利用前景带后景的视角，把混乱的现场变成浪漫的散景

Nikon D50、Nikkor35 mm F2、35 mm、F2.0、1/30秒、ISO Auto、EV0、光圈优先、加权测光

◉ 台北树林

◀ 利用大光圈找一瓶酒，去营造喜宴杯触交错的感觉

Nikon D50、Nikkor 35mm F2、35 mm、F2.0、1/160秒、ISO Auto、EV0、光圈优先、加权测光

◉ 台北树林

▲ 现场的来宾签名绒布也是个不错的主题，尝试把笔摆一下，利用不同的角度去构图

Nikon D50、Nikkor VR 24-120mm F3.5-5.6、70 mm、F5.3、1/25秒、ISO Auto、EV0、光圈优先、加权测光

◉ 台北树林

▲ 在流水席中来宾翻阅婚纱照，也是一个简单不混乱的主题，如果条件允许，尝试用俯瞰的角度去拍摄这样的感觉，记得可以利用桌缘来控制水平线

Nikon D50、Nikkor AF 24mm F2.8、24 mm、F2.8、1/20秒、ISO Auto、EV0、光圈优先、加权测光

◉ 台北树林

▶ 在典礼开始前可以去拍摄新郎的所有举动，也可以尝试把新郎融入典礼场景之中

Nikon D50、Nikkor AF 24mm F2.8、24 mm、F4.0、1/10秒、ISO Auto、EV0、光圈优先、加权测光

◉ 台北树林

▶ 如果想要拍流水席的大场景，可以尝试利用广角镜头，并使用俯瞰的角度来拍出这种大场面的气势

Nikon D50、Nikkor VR 24-120mm F3.5-5.6、82 mm、F8.0、1/60秒、ISO Auto、EV0、光圈优先、加权测光

◉ 台北树林

▲ 很多流水席会有一些舞台秀，而主持人也会邀请新人上台做一些亲热的举动，这些也都是记录的重点

Nikon D50、Nikkor VR 24-120mm F3.5-5.6、58 mm、F8.0、1/60秒、ISO Auto、EV0、光圈优先、加权测光

◉ 台北树林

▲ 混乱的现场，会有一个非常值得拍的地方，就是请新人站在巨幅的婚纱照前，然后把角度取好，让后面的背景完全看不出破绽

Nikon D50、Nikkor35 mm F2、35 mm、F2.0、1/100秒、ISO Auto、EV0、光圈优先、加权测光

📍 台北芝山

▲ 在饭店宴客，很多环境光是很值得去运用的，现场的装饰品或是婚纱照都可以利用构图创意来做纪录

Nikon D50、Nikkor 35mm F2、35 mm、F2.0、1/320秒、ISO Auto、EV0、光圈优先、加权测光

📍 台北芝山

▲ 这种环境光特别适合利用斜角视角的构图，做一个开场的纪录

Nikon D50、Nikkor VR 24-120mm F3.5-5.6、82 mm、F8.0、1/60秒、ISO Auto、EV0、光圈优先、加权测光

📍 台北芝山

▲ 现场的蜡烛器具等也都是不错的题材

Sony NEX3、Sony E 16mm F2.8、ISO1600、光圈优先、平均测光

▶ 在宴会开始前提早到场，将客人还未涌入的现场用超广角镜头拍摄下来，借以避免想拍典礼现场时过于混乱而不知所措

Canon 5D、Canon 24-70mm F2.8L、ISO100、光圈优先、平均测光、Canon 580EX-II

在宴会的过程中，尝试用这样的第一人称角度去拍敬酒仪式，是很有张力的一种拍摄方式，但重点是要事先跟主桌的长辈先协商好，不然卡在这种尴尬的位置，不但长辈不高兴，摄影师也会不好取景

Nikon D50、Nikkor VR 24-120mm F3.5-5.6、35 mm、F5.3、1/5秒、ISO Auto、EV0、光圈优先、加权测光

📍 台北芝山

婚礼过程进行当中，可以利用反客为主的拍摄法，让主角在散景中产生一种浪漫的感觉

Nikon D50、Tamron 28-75mm F2.8、28 mm、F2.8、1/60秒、ISO Auto、EV0、光圈优先、加权测光

📍 台北芝山

▲ 入座或是一些不同的关键时间点，摄影师也都要非常细心的纪录下来

Sony NEX3、Sony
E 16mm F2.8、
ISO1600、光圈优
先、平均测光

▶ 在宴会最后的敬酒
回礼的场合中，现场
一定是乱成一团，这
个时候大家会因为喝
了点酒过于兴奋，全
部会站起来敬酒而忘
却摄影师的存在，如
果随身再带一台可以
翻转屏幕的超广角微
单相机，那这样的场
合再乱也就无惧了

Nikon D50、Nikkor
VR 24-120mm
F3.5-5.6、62mm、
F5.3、1/20秒、ISO
Auto、EV0、光圈优
先、加权测光

📍 台北芝山

▶ 新人致词或是一些
活动时，也可以把他
们的表情与场景真实
的纪录下来

吉米小诀窍

高举相机的广角盲拍
法，虽然知道要注意水平，但是却也很
难控制，所以有人会在相机下方的脚架
螺丝孔装上一个水平仪，但这种配件通
常有品牌的都很贵，尝试去拍卖网找找
看，而有些人利用创意，做出了如这个
很便宜的水平仪。

幕后纪录拍摄

　　整段婚礼摄影纪录中，摄影师扮演的都只是一个旁观纪录员的角色，也就是气喘吁吁地跟上跟下，为的只是忠实地纪录整个流程的每一个时间点。但婚礼拍摄最好玩的其实就是幕后记录拍摄了。

　　在婚礼的流程当中，几乎在每一个衔接点当中都会有空档，摄影师在此时因为时间不太紧迫，可以换用大光圈定焦镜头，跟新人做一些温馨谈话上的引导，借以排除摄影师与新人间的距离，然后开始拍一些与众不同的视角，甚至是让新人玩游戏的场景。通常不仅可以排除新人的紧张气氛，这些幕后的花絮也会是新人最喜欢的婚礼记录。

Nikon D50、Nikkor 35mm F2、35mm、F2.0、1/60秒、ISO Auto、EV0、光圈优先、加权测光

◍ 台北树林
◀ 在婚礼进行的过程中，都会有等待吉时的空档，这时可以换上大光圈镜头跟新人互动，去拍摄一些指定动作的幕后记录

Nikon D50、Nikkor 35mm F2、35 mm、F2.0、1/100秒、ISO Auto、EV0、光圈优先、加权测光

◍ 台北树林
◀ 像这两张照片，一张新郎清楚，而另一张新娘清楚的照片，新人总是会很感兴趣

Sony NEX3、Sony E 18-55mm、ISO1600、光圈优先、平均测光

▲ 在幕后的时刻，常常会有真感情的流露，如果摄影师跟新人不熟又没互动，这个时候不妨可以随时观察新娘，去记录一些毫不做作的一举一动。像这样的逆光场合，加上新娘坐立不安的频频打电话的背影也算是一种不错的纪录手法

▲ 如果摄影师自己很有心，可以准备一些好用的道具，自制也行。如照片中的框架，在混乱的幕后是一种很好用的框架摄影手法，就把它当作是小型的Single Party，让新娘与闺房密友来个精彩的大演出

Nikon D50、Nikkor 35mm F2、35 mm、F2、1/50秒、ISO200、EV0、光圈优先、矩阵测光

📍 台北新北投
▲ 新人的床与捧花也可以在征求同意后，做气氛营造的运用

Nikon D50、Nikkor 35mm F2、35 mm、F2.0、100秒、ISO Auto、EV0、光圈优先、加权测光

📍 台北树林
▲ 所有幕后的动作在事后都会有种难舍的记忆，帮忙新人记录下来就是摄影师的责任了

Nikon D50、Nikkor 35mm F2、35 mm、F2.0、1/100秒、ISO Auto、EV0、光圈优先、加权测光

📍 台北树林
▲ 只要是婚礼过程中的所有行为，一举一动都算可以拿来当作记录的主题

Canon 5D、Canon 24-70mm F2.8L、ISO1600、光圈优先、平均测光

▶ 典礼进行的过程是非常慎重的，相对的每一个人也会比较紧张，当然在休息的时候可以尽情搞怪。通常比较受新人讨喜的婚礼摄影师就是很会带动气氛，简单来说就是很会搞笑，或是很会整新人。就在幕后指导新人和朋友们做一些平常不好意思做的动作，反正这是喜事，越快乐当然越好

摄影创作赏析 ▶▶

出嫁的喜悦与嫁女的落寞

▲ 捉住被摄者的表情与对象，除了正确的构图法之外，成功的照片是以当下的表情、肢体动作取胜的（无后期处理）

Nikon D80+Nikkor AF-SVR18-200/3.5-5.6DX

📍 嘉义市婚宴餐厅
📷 Guaiso

吉米小诀窍

婚礼闪光灯补光简易须知如下。

A. 对于闪光灯不熟的人，请务必开启TTL智能模式，这样闪光灯会自动分析主体与背景（如果背景比例多余主体，请另行斟酌）。

B. 对于闪光灯熟悉的人，才使用AUTO、M或GN模式等手动模式。

C. 室内低屋顶：现场光源够亮，打直跳灯加原厂柔光罩，如果光源不够亮，使用45°或60°跳灯不加柔光罩。

D. 室内高屋顶：现场光源够亮，打直跳灯拉出散光片与反光板。现场光源不够亮或混乱，请闪灯真打加柔光罩。

E. 户外无反射顶：想要主体清楚补光，直打加柔光罩，想要均匀补光，请打直闪光灯拉出闪光片与反光板。

F. 不用柔光罩的TTL智能模式，闪光灯会自动分析焦端与光圈，如装上柔光罩会将闪光灯强制设定在最广角。

G. 注意闪光灯可使用焦段范围，太广会出现暗区，太远会GN值会不够，请务必确定主体焦段远近。

H. 每闪光完，会高频率充电声，当听到时间拉长时，就必须换电池，这是回电不足的征兆。

I. 每一张照片间隔要注意看闪光灯信息窗口，如出现-EV讯息，则代表回电不足，一定要换电池。

J. 可以携带充电器，如果是一整天的婚礼，中午会有休息时间可以利用时间充电。

K. 如希望有更多不同的拍摄法，可用副厂软式遮光罩来创造更多不同的补光模式。

Chapter 10

风景摄影 ——融入自然 学会等待

　　风景摄影的范围很广，并不限制于拍大场景的自然现象，但凡大自然里的所有一切自然景观都可以视为是风景摄影的题材。通常这类摄影因为都在户外，所以要考虑如何去运用自然光源，或是如向利用巧妙的补光技巧。

　　风景摄影取决于对自然的了解、对时间的掌控以及最无法控制的运气，这三个条件缺一不可。因为自然场景稍纵即逝，需要的是摄影师平日练习的成果与经验，而很多场景不是一次就可以拍成的，因为再好的技术，天公不作美也没办法实现。所以掌握时间与天气是另一门要做的功课。

晨昏摄影

10-1

　　晨昏摄影是一种需要长时间守候的摄影，但是为什么大家还是乐此不疲呢？是因为此时天空中自然呈现出不同于白色的红蓝色温现象，拍起东西最漂亮。也因为如此，很多人在接近正中午时会开始收拾摄影工具准备离开，因为正中午的光线是最生硬的，但如果会善用例如偏光镜（CPL）的辅助工具来增加色彩饱和度，正午摄影虽然光线最硬，但却也有阴影最小的绝佳优点。

吉米小诀窍　　所谓的色温（Color temperature）就是光线的颜色，这个色温的表示法是开尔文（Kelvin）所发明的，所以单位就是以K来表示，而通常正常的白光可以算是5500K，偏红的光则低于5500K至1800K，偏蓝的光则高于5500K至20000K，所以也就会有一些特殊胶片如标明日光型胶片（5500K）与灯光型胶片（3200K）。

1800　2400　3200　3800　4200　4600　5000　5400　6000　6800　7800　9000　11000　20000

单位（K）

清晨摄影

Nikon D50、Tokina 12-24mm F4、12 mm、F8.0、1/640秒、ISO200、EV-0.7、光圈优先、矩阵测光
🔾 南投日月潭
▲ 清晨有个好处就是光线很柔，而且很少会有超过相机动态范围的场景出现。如果可以搭配天空与山水的常曝，拍出来的感觉会觉得很软很舒服

OlympusE300、Carl Zeiss Jena 35 mm F2.4、F8、1/640秒、ISO Auto、EV0、快门优先、矩阵测光
🔾 台北抚远街
▲ 在清晨有时候因为太阳的角度与天气的关系，也会出现类似黄昏的色温。但这个时候却是越来越亮，所以抓好曝光条件就可以拍了。照片中为了保留暗部细节，而稍许牺牲了云层的高亮部部分

正午摄影

Nikon D50、Tokina12-24 mm F4、14 mm、F11.0、1/500秒、ISO Auto、EV-0.3、光圈优先、矩阵测光

📍 内湖大润发

▲ 正中午虽然太阳正烈，但只要加装CPL就可以拍出这样的照片，但是要记得曝光要调降0.3EV至0.7EV来保留云的细节，而且照片的颜色也会比较鲜艳

Nikon D50、Tokina 12-24 mm F4、12 mm、F22.0、1/250秒、ISO Auto、EV-2.0、光圈优先、矩阵测光(为减低快门降EV，再拉高亮度)

📍 台北阳明山

◀ 加上ND8减光镜，然后相机正对中午的太阳缩光圈就可以拍出这样的太阳星芒。记得用好一点的滤镜，而且要把滤镜擦干净，就不会出现照片中的耀光缺陷（ND8减光镜不一定要加，但如果相机是使用电子快门，则必须要把快门速度抑制在1/2000秒以下，否则高光的部分会出怪异的形状，俗称高光溢出。）

Olympus E-P1、Kinoptik 25mm F2.0、ISO100、光圈优先、平均测光

📍 台北阳明山

◀ 在人像摄影部分，正午拍摄是大忌，但在风景摄影有时候正午拍摄反而比较好。正午的时候没有影子，而且阳光都是直射，这时候也因为温度高，水气对流快，天空的白云跟蓝天会变得非常漂亮，拍起来会特别通透，但记得如果希望颜色再鲜艳一点，不妨调低EV或是加一片CPL环形偏光镜吧

吉米小诀窍 很多人以为只要加上环形偏光镜（CPL），就可以让天空变蓝，其实这个观念是错的，CPL只是滤掉空气中乱反射的光源（偏震光），所以如果天空不是蓝的，加装CPL也没有用。另外CPL是有使用限制的，用手比一个"7"的手势，当拇指指向太阳时，食指的方向就是拍摄的最佳方向了，所以正中午反而CPL最好用。（CPL无法过滤由金属反射出来的光）

黄昏摄影

Nikon D50、Tokina12-24 mm F4、12 mm、F20、
1/100秒、ISO200、EV0、光圈优先、点测光

📍 台中高美湿地

▲ 黄昏是最受欢迎的拍摄场景，因为通常会想要拍夕阳
而正对太阳，这样会造成天空过亮，而地面只会出现黑
黑的剪影。如果想要让地面细节出现，可以降低EV或是
加装渐层减光镜

Nikon D50、Tamron 28-75mm F2.8、75 mm、
F8.0、1/200秒、ISO200、EV0、手动模式、矩阵测
光（HDR数字后期处理处理）

📍 台北阳明山

▲ 黄昏时候的逆光，最适合拿来当一些植物或物体的背
景了，用黄昏的逆光当芒花的背景，感觉就沧桑许多了

Nikon D50、Nikkor
AF35-80 mm F4-5.6、40 mm、F11.0、1/125秒、ISO200、EV0.3、光圈优先、矩阵测光

📍 台北河滨公园

▲ 这种正对太阳又要让明暗细节全部出现的场景，不管是什么数码单反相机直接拍都做不到，但是却可以利用HDR处
理出来。在拍摄的时候，尽量以保留亮部细节为主，也就是测光尽量测在亮部，但是也不要让暗部失去细节，再用软
件做HDR叠图，所有的细节就通通出现了

Nikon D50、Nikkor AF 50mm F1.8D、50 mm、
F20、1/250秒、ISO Auto、EV-1.0、光圈优先、
点测光

📍 台北象山顶

▲ 一般夏天在台湾北部大约六点十五分左右，可以
拍到最漂亮的黄昏色温，而且如果让背景曝光正
常，把前景当作剪影会有种很浪漫的气氛

Nikon D50、Nikkor AF 50mm F1.8D、50 mm、
F2.8、1/40秒、ISO Auto、EV0、光圈优先、点测光

📍 台北象山顶

▶ 太阳完全下山后，不要急着离开，大约会有15-30
分钟，天空那更漂亮的七彩景色才会出现，而且当街
道灯火全部点亮时，漂亮的黄昏夜景就出现了

摄影创作赏析 ▶ ▶

夕阳的Taipei101

▲ 好景就在你身边
Nikon D200、AFS 17-35mm F2.8D、ISO125、1/80秒、F18
📍 台北虎山
📷 sundow

上帝的画布—二寮

▲ 利用最简单的井字与斜线构图将山下小屋与斜射光结合，表现出
二寮的日出美景

NikonD80+Nikon105 mm F2.8VR
📍 二寮
📷 馒头（ManTou）

10-2 庙宇摄影

庙宇的摄影与一般建筑摄影有个不同的地方就是：庙宇的颜色与不规则几何图形非常多。对于新手而言，场景只要越乱就越难掌控，但其实这都只是因为颜色与几何图形过于复杂的视觉干扰。

所有拍摄使用的基本构图都是差不多的，只要抓到想要表达的主题，注意水平线、切割的适当取舍、前后景的运用、以及重要构图点的安排，只要扎稳基础，再怎么复杂场景都难不倒。

Nikon D50、Sigma18-50 mm F2.8Macro、18 mm、F8.0、1/200秒、ISO Auto、EV0、光圈优先、矩阵测光

◉ 台南安平古堡

▲ 在拍摄庙宇时，利用仰角拍摄与植物的搭配，这种气派的取景是很不一样的

NikonD70s、Nikkor DX 55-200 mm F4-5.6、55 mm、F5.6、1/60秒、ISO400、EV0、光圈优先、矩阵测光

◉ 台北关渡宫

▲ 一般庙宇附近可能都会有很杂乱的环境，从远处利用望远焦段来做裁切及背景压缩，可以得到不错的效果，但是记得不要裁切到重点处

Nikon D50、Nikkor VR 24-120mm F3.5-5.6、82 mm、F5.6、1/500秒、ISO Auto、EV0、光圈优先、矩阵测光

📍 淡水天元宫

◀ 庙宇的入口处一般都是正面拍法，有时候也可以利用一些花朵来做前景，使用前景带后景的拍法

Nikon D50、Tokina 12-24 mm F4、12 mm、F4.0、1/1000秒、ISO300、EV-0.7、光圈优先、矩阵测光

📍 淡水天元宫

▲ 这种高大的庙宇，通常需要超广角才有办法拍摄，尤其附近又没有可以使用平视角度的至高点而只能仰拍时，只好尽量找比较不会变形且顺光的角度拍

Nikon D50、Sigma 18-50 mm F2.8Macro、50 mm、F11.0、1/125秒、ISO200、EV0、光圈优先、矩阵测光

📍 高雄元亨寺

▲ 在处理庙宇的几何图形与鲜艳的颜色中，有时候利用裁切也会有不错的效果，而拍摄时可以利用屋顶的水平与取景器边缘来校正水平

Nikon D50、Sigma 18-50 mm F2.8Macro、20 mm、F2.8、1/160秒、ISO Auto、EV0、光圈优先、矩阵测光

📍 台南安平古堡

▲ 找个有重点的图腾，利用前景带后景的方法来拍摄庙宇，并控制光圈景深，让匾额既清楚又模糊，会有悠悠然的文艺感

NikonD70s、Nikkor VR 24-120mm F3.5-5.6、50 mm、F5.0、1/15秒、ISO Auto、EV0、光圈优先、中央测光

📍 台北保安宫

▲ 对于庙宇的夜拍，巧妙地利用灯笼与红黄色温的拍法，会令人有种神秘又飘飘然的感觉

NikonD70s、Nikkor DX55-200 mm F4-5.6、200 mm、F5.6、1/60秒、ISO400、EV0、光圈优先、矩阵测光

📍 台北关渡宫

▶ 如果拍摄庙宇，再融入人文主题搭配，情感的流露就更多了

Nikon D50、Tokina12-24 mm F4、12 mm、F4.0、1/20秒、ISO Auto、EV-0.3、光圈优先、矩阵测光

📍 台中中台禅寺

▲ 利用仰角的拍法，让屋顶的图腾也入镜，那种气势与庄严就俨然可见

NikonD70s、NikkorDX55-200 mm F4-5.6、70 mm、F4.5、1/50秒、ISO1600、EV0、光圈优先、矩阵测光

📍 台北关渡宫

▲ 庙宇的神像通常都会有些距离，而且非常高大，尝试利用望远段去做特写，神佛也可以描绘出炯然的眼神。如果没有大光圈的望远程镜头，把ISO值调高并找寻可以靠手的地方，例如神桌或是墙壁，手震的机会就会比较小了

NikonD70s、Nikkor DX55-200 mm F4-5.6、85 mm、F4.8、1/40秒、ISO 1600、EV0、光圈优先、中央测光

📍 台北关渡宫

◀ 这种大型的神佛，如果没有广角镜头，在裁切时尽量以半身裁切为主，通常裁切到关节是大忌，而测光在亮部是避免金色过曝的诀窍

10-3 | 山之摄影

　　山的摄影主题常常都不是单独存在的，通常都会伴随着连天或是绿地，所以比例的取决就是一门很重要的功课。另外因为山是一个很稳定的水平构图点，不要去尝试把含有山景的照片作倾斜构图，这样会出现极不稳定的画面铺陈。通常还有一个小诀窍，就是如果天空漂亮则天空比例多；天空不够漂亮，就让山的比例多。

Nikon D50、Nikkor35 mm F2、35 mm、F8、1/500秒、ISO200、EV-0.3、光圈优先、矩阵测光

⚲ 花莲六十石山

▲ 山与天空的比例是随着天空的景象壮观与否来决定的，天空那朵有特色的云朵在正中央会有画龙点睛之妙

Nikon D50、Tokina12-24 mm F4、20 mm、F8.0、1/1000秒、ISO Auto、EV-1.3、光圈优先、矩阵测光

⚲ 南投清境

▲ 这种山的拍法是前景带后景的拍摄方法，远方的山会有种飘渺的感觉，而且刚好山的顶峰位置是三等分构图法的位置

Nikon D50、Tamron 28-75mm F2.8、65 mm、F8.0、1/1250秒、ISO Auto、EV-0.7、光圈优先、矩阵测光

⚲ 南投清境

◀ 虽然说是山脉的摄影，但是常常在山上会出现非常迷人的景象，这个时候就可以把山的比例下降。上面照片中利用曲线构图法，让蓝天的上的云朵作一个戏剧性的曲折

Nikon D50、Nikkor AF 80-200mm F2.8、86mm、F8.0、1/640秒、ISO Auto、EV-1.3、光圈优先、矩阵测光

◊ 南投清境

▲ 如果要拍出有深度的景，就要注意前景、中景、后景的安排，就算不是极蓝的天空，从前景、中景及后景的层层迭迭中，也能有悠远舒适感

Nikon D50、Tokina 12-24 mm F4、24 mm、F8、1/1250秒、ISO200、EV0、光圈优先、中央测光

◊ 花莲六十石山

▶ 当天空够漂亮，有深度的景就会让人想要一亲芳泽了。缩光圈后，利用前景带后景的方式，从前景山的稀疏黄金针，到中景山的翠绿，直到后景的蓝天白云，都让人有舒畅的感觉

Nikon D50、Nikkor 35 mm F2、35 mm、F8.0、1/320秒、ISO Auto、EV-1.0、光圈优先、矩阵测光

◊ 花莲六十石山

▲ 在一片蓝的场景中，利用破格法，突然跑出一片绿，又在构图点上出现一栋欧式建筑，就会格外的引人注目

Nikon D50、Tokina 12-24 mm F4、12 mm、F8.0、1/1600秒、ISO Auto、EV0、光圈优先、点测光

◊ 花莲六十石山

▲ 除了三等分构图的稳定性外，纵谷视觉延伸的消失点也会是一个微妙的透图平衡元素，有种视觉心理学上的讲法是：右边结束代表稳定及回家，左边结束代表不稳定及出发

10-4 水之摄影

水没有固定型态，可以当主角，也可当配角；可以很软，也可以很硬；可以很渺小，也可以很宏伟。但是也因为这样，会善用水拍摄的人常常会使水在作品中有画龙点睛之妙，不懂使用水拍摄的人却常常饱受其反射出来的漫射光线所困扰，所以学会去拍摄以水为主或配角的技巧，会让作品增添更多迷人的气息。

水的晶莹剔透

Nikon D50、Nikkor DX 55-200mm F4-5.6、200 mm、F11.0、1/640秒、ISO Auto、EV-1.0、光圈优先、矩阵测光（Marumi+4Clouseup滤镜）

📍 台北植物园

▲ 水珠很难拍得很大，除非利用微距镜头，如果没有经费去添购微距镜头的话，利用便宜的望远端加上便宜的CloseUp近摄滤镜，或是利用镜头倒接环，也可以达到这样的效果。另外在拍摄这类的主题时记得背景的挑选，以及如何让光源位置表现出水的晶莹剔透

Nikon D50、Carl Zeiss Jena 135mm F3.5、F3.5、1/100秒、ISO Auto、EV0、手动模式、矩阵测光（M42toNikon转接环）

📍 台北阳明山

▲ 雨天总是让人觉得烦闷，但是何不打起雨伞，拿起望远端或是微距的镜头，去拍一些叶片下背光的水珠，这种水珠总让人觉得有吹弹可破的圆润感

Nikon D50、Nikkor 35 mm F2、35 mm、F8.0、1/320秒、ISO Auto、EV0.7、光圈优先、矩阵测光

📍 台北植物园

▲ 利用荷叶疏水性的特性，来让水珠为浮在水面上的荷叶做画龙点睛的效果，对角线的构图以及接近构图顶的水珠，都使观者有种清凉的感觉

水与景的搭配

Nikon D50、Tamron 28-75mm F2.8、75 mm、F2.8、1/25秒、ISO200、EV0、光圈优先、矩阵测光

📍 苗栗大湖

▲ 如果直接拍枫叶总感觉多了点哀愁，少了点柔和。利用水面的反光与枫叶的落英，常常可以拍出不同的味道。如果有带脚架，何不来个长曝，水的效果会变的像丝绢一样柔柔细细的

Nikon D50、Tokina12-24 mm F4、12 mm、F4.0、1/50秒、ISO Auto、EV0、光圈优先、矩阵测光

📍 台北士林区

◀ 雨后的绿叶总是让人觉得冰冰凉凉的，利用广角镜头近距去取景，让叶子去修饰或对比"水泥森林"或冷漠街道的的作品，都会选择在雨后拍摄

溪瀑

Nikon D50、Nikkor AF 80-200 mm F2.8、200 mm、F4.0、1/200秒、ISO Auto、EV0、光圈优先、矩阵测光

📍 台中武陵农场

▲ 总是觉得别人拍的溪流比较温柔婉约？水可刚可柔，主要看拍摄者对快门速度的控制。左图是利用提高快门速度定格水的行进，看起来就是如此的激昂；而右图中则是放慢快门速度，把水的温柔全部都描画出来了

Nikon D50、Sigma 18-50 mm F2.8Macro、31 mm、F22.0、2秒、ISO Auto、EV-0.3、光圈优先、矩阵测光

📍 台中桃山瀑布

◀ 拍摄溪瀑最好的时间是在凌晨，因为光线最弱，可以把快门速度调到很慢来长曝，让水可以像丝绸一样的绵绵柔柔的。但如果像照片中大太阳下拍摄，可以加上一片ND8或是ND400的减光镜，让入射光线可以减弱不少，但记得减光镜会造成色偏，而光圈缩太小会有绕射现象，反而会造成画面不清晰

水的不同创意

Nikon D50、Nikkor35 mm F2、35 mm、F4.0、1/80秒、ISO Auto、EV0、光圈优先、点测光

📍 汐止国泰医院

▲ 处处留心皆创意，实验室的水龙头，利用散景中的色彩控制，也可以让水表现出它的晶莹剔透，如果再扭开阀门一点点，利用高速快门拍摄，那拍摄得到的不同的乐趣也就会更多了

Nikon D50、Nikkor 35 mm F2、35 mm、F2.0、1/3秒、ISO Auto、EV-1.0、光圈优先、矩阵测光

📍 台北阳明山

▲ 雨天的创意：如果加上了光，那就是一种不一样的感觉，利用仪表盘的光与前车灯的逆光造成的玻璃上亮点雨滴，是不是有种下大雨时想要赶回家的期待温暖感，但仔细看仪表盘时，发现其实车子是静止的

Nikon D50、Sigma 24-135 mm F2.8-F4.5、135 mm、F11.0、1/250秒、ISO200、EV0、光圈优先、矩阵测光

📍 台北101水舞广场

▲ 善用高速快门拍摄，来定格好动的水与小孩，常会有种时空静止的感觉

摄影创作赏析 ▶▶

黄金瀑布

利用低速快门让水流有丝绸般流动的感觉

Nikon D80、Nikkor DX18-70 mm F3.5-5.6G

📍 九份黄金瀑布
📷 BlackCat

小品

上山观星，却始终飘着细雨，利用微距镜头拍水珠小品

Olympus E330+Olympus ZD 35 mm F3.5Macro

📍 南横垭口山庄
📷 独妹szchuen

海之摄影

　　海总是给人一种很宽广的感觉，所以通常适合利用广角镜头去把海的张力表现出来。而拍海的过程当中大多不会有任何的阻挡，直接是海连天、天连海的场景，所以拍摄时保持整个水平面的稳定性就很重要了。

Nikon D50、Nikkor VR 24-120mm F3.5-5.6、24 mm、F8.0、1/800 秒、ISO200、EV-0.3、光圈优先、矩阵测光

◎ 花莲港

◀ 如果天空的景色够壮观，那海的比例虽然少，依然会有令人豁然开朗的感觉，记得注意水平线，以及山与船在构图点的位置

Nikon D50、Sigma 24-135 mm F2.8-F4.5、135 mm、F8.0、1/160秒、ISO200、EV-0.3、光圈优先、矩阵测光

◎ 基隆八斗子

◀ 这种利用背影一致的画面，采取俯视拍摄一只孤独的船在水中画圈的破格法拍法，是不是让人一下就注意到船的动作

Nikon D50、Nikkor VR 24-120mm F3.5-5.6、24 mm、F8.0、1/500秒、ISO200、EV-0.3、光圈优先、矩阵测光

◎ 花莲港

▲ 如果要拍摄海的广泛延伸感，可以让天空的比例减少，但记得要找个类似船、山或一片有特色的云来突破画面中一大片汪洋的单调感

Nikon D50、Nikkor VR 24-120mm F3.5-5.6、24 mm、F5.6、1/1000秒、ISO200、EV0、光圈优先、矩阵测光

◎ 花莲港

▶ 在海上常常会看到这种云层上俗称"耶稣光"的场景，要拍起来就要有取舍，利用点测光测在高亮区，让云的细节与明暗通通出现，但是海的下方会变暗，这就是要取舍的重点了

乘船出海

Nikon D50、Nikkor VR 24-120mm F3.5-5.6、28 mm、F8.0、1/320秒、ISO200、EV-0.3、光圈优先、矩阵测光

📍 花莲港

▲ 利用文带景的方式，让乘风破浪的感觉凸显，让游客握着栏杆的手稍微入镜，至少可以传达出之所以用力是因为船的晃动

Nikon D50、Sigma18-50 mm F2.8Macro、50 mm、F2.8、1/3200秒、ISO200、EV0、光圈优先、矩阵测光

📍 高雄新光码头

▲ 利用镜子的反射，及景深的适当控制，似乎可以反射出想要游客靠岸的期望。记得整个画面的水平是由远方的水平线去控制，而镜子的位置在构图点上

Nikon D50、Nikkor VR 24-120mm F3.5-5.6、38 mm、F8.0、1/6400秒、ISO200、EV-0.3、光圈优先、矩阵测光

📍 花莲港

▲ 利用俯瞰、主体的视向空间，以及定格的海浪，可以勾勒出一种勇敢破浪的感觉，而船缘的水平控制，与人在构图点的位置也是个拍摄重点

出海口

Nikon D50、Tamron 28-75mm F2.8、28 mm、F8.0、1/1600秒、ISO Auto、EV0、光圈优先、矩阵测光

◎ 台北八里

▲ 出海口常常会是社会活动最多的地方，利用前景的步道、中景的海面，与远景的山脉天空，是不是有点到了国外的感觉

Nikon D50、Tamron 28-75mm F2.8、75 mm、F2.8、1/12500秒、ISO Auto、EV0、光圈优先、矩阵测光

◎ 台北八里

▲ 在拍海的同时如果可以注意到对岸与此岸所有元素的安排，整个画面的立体感就会出现了

Nikon D50、Tamron 28-75mm F2.8、75 mm、F2.8、1/1250秒、ISO Auto、EV0、光圈优先、矩阵测光

◎ 台北淡水河岸

▲ 落日后的海口，常常会出现蓝色的色温，这个时候利用岸边的船只与远方的山脉，可以拍摄出不同的感觉。整个画面的船是最亮的白色，最容易引人注意，所以需要位于最稳定的构图点位置

海岸边

NikonD70s、Tokina12-24 mm F4、12 mm、F8.0、
1/640秒、ISO Auto、EV0、光圈优先、矩阵测光

📍台北老梅

▲ 这种海岸线的构图是要展现一种气势，所以使用竖幅构图，而天空的特色占了2/3的空间，并且海岸线斜的会比直的活泼许多

Nikon D50、Nikkor VR 24-120mm F3.5-5.6、24
mm、F8.0、1/1200秒、ISO Auto、EV0、光圈优先、矩阵测光

📍宜兰南方澳

▲ 天空阴霾所以减低画面比例，而要表现海岸线的浪潮则可以使用高速快门来定格浪花

Nikon D50、Tokina

12-24 mm F4、12 mm、F13.0、1/400秒、ISO Auto、EV0、光圈优先、矩阵测光

📍台北老梅

▲ 除了三等分构图外，拍摄海岸线最好可以找到一个有曲线的海岸，这样拍摄起来会有种迷人的韵味

10-6 | 天空摄影

　　天空最漂亮的时候就是逆光的时候，所以通常在大太阳下要让天空的亮部细节被保留下来，都必须调整曝光度。可以使用手动模式来调整快门速度，或是利用降EV值的方式让亮部不至于过曝，而且降EV有时候也会让天空变蓝，而不需要使用到偏光镜。

Nikon D50、Sigma18-50 mm F2.8Macro、18 mm、F2.8、1/1250秒、ISO Auto、EV0、光圈优先、矩阵测光

◉ 高雄爱河

◀ 有时候正确曝光不一定会正确。上图中，从招牌和整体场景来看，的确是正确曝光了，可惜天空却白成一片，抢了视觉的焦点；而下图中尝试把快门速度拉高，从1/1250秒拉高到1/4000秒，虽然招牌有点暗，但蓝色的天空就全部出现了。如果要后期处理的话，至少细节都保留了（通常这样的场景是相机动态范围的极限，如果要同时保留明暗细节，又要够亮，就只能后期处理了。）

Nikon D50、Nikkor VR 24-120mm F3.5-5.6、24 mm、F11、1/640秒、ISO200、EV0、光圈优先、矩阵测光

◉ 台北象山顶

正午摄影，虽然光很硬，但是拍摄起白云的天空会非常的漂亮，因为几乎不会出现阴影，而且感觉特别立体

Nikon D50、Nikkor35 mm F2、F8、1/800秒、ISO200、EV-0.7、光圈优先、矩阵测光

 花莲美仑

▲ 因为天空与地面的反差太大，为了保留天空的韵味，所以在测光完成后降了0.7EV，虽然地面有点曝光不足，但整体上来看还是保留了现场的气氛

Nikon D50、Nikkor VR 24-120mm F3.5-5.6、24 mm、F11、1/640秒、ISO200、EV0、光圈优先、矩阵测光

 台北象山顶

▲ 一般拍摄这种逆光场景时，都要降EV才有办法保留现场光源。如果天空比较漂亮的话，则保留较多的天空，尝试摆脱三分法的构图限制

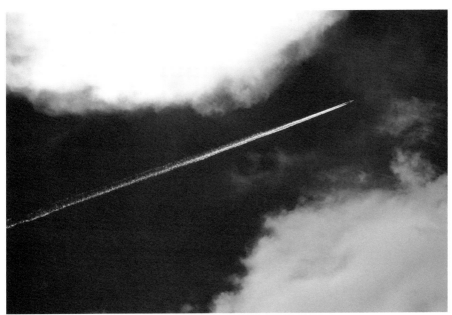

NikonD70s、Sigma 24-135 mm F2.8-F4.5、135 mm、F22、1/400秒、ISO200、EV0、光圈优先、矩阵测光

 台北内湖

◀ 拍天空有时候也不一定要立体，用特别的光轨迹，或可以利用天空中存在的几何图形，再利用稳定构图的创意来拍摄出不同的意境

Nikon D50、Nikkor VR 24-120mm F3.5-5.6、34 mm、F5.6、1/1600秒、ISO200、EV0、光圈优先、中央测光

📍 花莲港

▲ 这种俗称耶稣光的拍法，通常要以光源附近的测光为准，才有办法保留光的轨迹，而其他场景稍微有点曝光不足的部分，则利用构图比例往下移使其不致影响整体的观感，并为了完整让放射光源入镜，所以采用中央构图

Nikon D50、Nikkor VR 24-120mm F3.5-5.6、24 mm、F8、1/640秒、ISO200、EV0、光圈优先、矩阵测光

📍 花莲港

▲ 根据耶稣光的方向来决定构图点，以及平面天际线的比例，让这种天空中的光轨迹成为照片的主角

摄影创作赏析 ▶▶

曙光

▲ 辐射延伸构图法

Nikon D50、NikkorVR18~200 mm

土耳其

BuckJohn

吉米小诀窍

何谓高光溢出（俗称流鼻涕）？在风景摄影里面，如果出现太阳，很多拍摄者会利用光圈缩到F16以下来拍摄出太阳星芒，但是在使用电子快门的相机里面会有一个很大的缺陷叫做高光溢出。所谓的高光溢出，就是当快门速度太快的时候，在过曝的高亮区会把旁边原本没有过曝的地方也干扰成过曝的效果。通常要避免这种情况就是在拍摄例如太阳这种高亮元素时，避免使用1/2000秒以上的高速快门。

原本漂亮的太阳星芒，左右两侧出现了两个溢出的高光区，就是俗称的流鼻涕

10-7 全景摄影

　　全景一词源自于Panorama，又简称pano，全景摄影即Panoramic Photography。要拍摄全景图的正规做法是要利用有刻度标示的全景云台，但并不是每个人都可以负担得起这昂贵的配件，如果可以搭配全景后期处理软件，就可以拍出丝毫不差的漂亮全景图。

Nikon D50、Nikkor 35mm F2、35 mm、F8.0、1/3200秒、ISO800、EV-0.7、光圈优先、矩阵测光

📍 台北阳明山

▲ 要合成全景图的拍法，一般最好找一个标准点来做移动，这样软件处理起来不仅快速还比较不容易出错，图中利用与远方水平线切齐相机取景器下方的对焦点，从第一张开始慢慢往左拍，每次移动都确定这一张与上一张有明显的相同处，连续拍个几张就可以了

利用AutoStitch来自动运算处理，全景图就出现了，再利用后期处理软件做边缘裁切及调色，就大功告成了

Chapter 11

夜拍与烟花摄影——控制光线 主宰黑夜

　　夜间摄影一定都得要上脚架，因为快门速度通常都会慢到低于1秒以上，而这时候的曝光也比白天难以控制。但是夜间摄影却有很多乐趣，例如拍烟花或是曝星轨，这些都是利用低速快门或是B快门来拍摄的，也是利用长时间的曝光来记录物体运动的轨迹，这是人眼看不见的东西，在摄影中是一种非常有趣的拍摄模式。

烟花拍摄须知与实战

`11-1`

　　烟花拍摄除了要找对地点外，最重要的是器材要准备妥当，最重要的就是镜头与相机。一般如果是距离烟花施放点近的拍摄可以准备广角镜头；而相对比较远的拍摄就使用望远程的镜头，因为施放烟花时常常都是人挤人的场面，所以并不限于只能就近拍摄，有时候就近拍摄反而容易拍到混乱的人潮。

Nikon D800E、Tamron 28-75mm F2.8、38mm、F10、光圈优先、平均测光

📍 台北大稻埕

◀ 拍烟花最难的就是拿捏曝光时间，其目的是控制烟花可以变成漂亮的线条却不至于过曝，但有时却又难以拿捏烟花之间的时差与明亮度。如果可以提早到，将相机架上脚架，然后确定烟花放射的位置，利用类似重复曝光的手法，将不同时间拍下来的同一空间的烟花，整合在同一照片上，就可以还原本单纯的小烟花，变成绚烂夺目的花火天际

吉米小诀窍　施放烟花通常都是晚上，所以遮光罩、遥控器（快门线）、脚架、手电筒都要准备，通常遮光罩是要避免有路灯造成前镜面的眩光干扰，而其他工具都是用来协助夜晚拍摄的成功率。也可以准备黑卡，来减低同一位置重复出现烟花而造成曝光过度的情形。

Nikon D50、Nikkor

DX 55-200 mm F4-5.6、200 mm、
F6.3、2秒、ISO200、EV0、光圈优先、
矩阵测光

📍 台北阳明山（101跨年烟花）

▲ 利用望远焦段从远处去拍摄烟花时，可以
将不同场景的烟花容纳在一个照片中。如果
拍摄现场有其他微弱光源的干扰，可以让曝
光时间缩短，来制造明暗之间的反差拉高，
让烟花可以在比较暗的场景中凸显出来

Nikon D50、Tamrom 500 mm F8、1秒、
ISO200、EV0、手动模式、矩阵测光

📍 台北阳明山（大稻埕烟花）

▶ 从图中可以发现，如果没有观察风势走向与
烟花施放相关位置，在烟花施放点右下角的摄
影人员一定会什么都拍不到，而且还有可能让
相机被烟花损坏

吉米小诀窍　一般基于大范围烟花的景深都不用大光圈，但也不能把光圈缩太小，而造成光轨迹过于锐利细致而失去美感。通常会将光圈控制在F8至F11之间。另外，使用B快门拍摄烟花有个好处，就是可以在第一发烟花施放后，可以自行确定高度后才按下快门，从而可以准确保留自己需要留在照片上的烟花数目。而一般低速快门都是由机身决定，而无法在适当的时机关上快门。

Nikon D50、Tamrom 500 mm F8、1.1秒、ISO200、EV0、手动模式、矩阵测光

📍 台北阳明山（大稻埕烟花）

▲ 当曝光拿捏得当，让不同时间施放的烟花可以同时出现在同一画面上，并且善用二次或多次曝光，在一成不变的烟花摄影中拍摄出与众不同的光轨迹路径

Nikon D50、Tamrom 500 mm F8、1.1秒、ISO200、EV0、手动模式、矩阵测光

📍 台北阳明山（大稻埕烟花）

▲ 曝光中途转动变焦或增加曝光次数，可以拍摄出非常有韵律感的烟花景象

吉米小诀窍　有两种特殊的烟花拍摄方法，一种称之为"曝光中合焦拍摄法"，是利用原本让烟火属于焦外成像的散景而会变成大光点，在曝光过程中让画面合焦变成拖曳的细轨迹，就会创造出类似蝌蚪状的烟花轨迹；而另一种则为"曝光中脱焦拍摄法"，是利用原本合焦的烟花属于小光点，曝光过程让后面脱焦而变成拖曳的粗轨迹，就会创造出类似慧星状的烟花轨迹。

　　拍摄烟花如果是一成不变的B快门长曝与摇黑卡，拍出来的现场的照片场景全都大同小异。但是如果可以利用低速快门与烟火的速度来做不同的变化，就很容易出现类似抽象化的抖动光轨迹，所创作出来的烟火摄影绝对不会有第二幅完全一模一样作品，这也算是烟火的描绘艺术拍摄法之一。

11-2 | 暗光、星空夜拍技巧

　　暗光、夜拍、月亮记录，或是曝星轨都算是比较接近的技巧。大多是利用长时间曝光的技巧去记录一些气氛或光轨迹的方法，通常都不可能使用手持拍摄的方式，所以要准备尝试拍摄这些主题时，还是先要准备一个稳固的脚架。

暗光夜拍

Nikon D50、Topcon Topcor 58mm F1.4、F2、1/25秒、ISO200、EV0、手动模式、中央测光

📍 台北忠孝商圈OKAERIBAR

▲ 在暗光摄影里，除了身体要稳定外，另一个会影响照片感觉的因素就是光源的色温。一般在夜店里为了营造温暖的律动感，常常会使用红黄色光源，如果善用这种光源而不做白平衡校正，会拍出非常迷人的现场气氛

Nikon D50、Tamron 28-75mm F2.8、50 mm、F2.8、1/160秒、ISO800、EV-0.7、光圈优先、矩阵测光

📍 台北信义商圈

▲ 暗光环境中还有另一种拍摄方法，就是利用高反差来拍摄夜里的透光物体，利用降EV的方法把背景整个拉暗，只凸显出高亮区的地方，营造一种独乐乐的主题方式

Nikon D50、TopconTopcor58 mm F1.4、F2、1/100秒、ISO200、EV0、手动模式、矩阵测光

📍 台北辽宁夜市

▲ 夜拍大概就脱离不了拍夜市了，手持拍夜市除了稳定度外，还需要注意一个地方就是高亮区。因为夜市的招牌相对于夜晚其他部分属于高亮区，如果直接用矩阵测光的通常都会死白一片，解决的方法就是降EV或用手动模式，来自己用手动模式调整快门速度

D70sNikon D50、Nikkor35 mm F2、F2.8、1/13秒、ISO200、EV0、光圈优先、矩阵测光

📍 台北101水舞广场

▲ 夜间手持拍摄时考验的是拍摄者的稳定度，但还有另一个因素就是主体的移动速度。就算再怎么稳定主体，一移动也会拍摄失败，但如果善用低速快门的夜拍特色，常常可以拍摄到例如照片中快乐儿童的律动感

吉米小诀窍 在夜拍里面，常会利用大光圈去拍摄焦外成像的光点，使之成为繁星点点的感觉，因为短波长与感光元件限制的关系，如果可以找到蓝紫色的光点，会发现拍起来特别浪漫。

Nikon D50、TopconTopcor58 mm F1.4、F2.8、1/400秒、ISO200、EV0、光圈优先、矩阵测光（加装手动镜AF自动对焦机构）

📍 台北信义商圈

夜间长曝

Nikon D70s、Nikkor AF 50mm F1.8D、F22、10秒、ISO200、EV-1.0、光圈优先、矩阵测光

📍 台北象山顶

◀ 黄昏过后的入夜时分，大约七点到七点半左右，虽然天空已经全黑，利用长时间曝光，加上缩小光圈拍出来的夜景，天空会微蓝，而霓虹灯装饰的街道会比黄昏更漂亮

Nikon D50、Sigma 18-50 mm F2.8 Macro、46mm、F16、8秒、ISO200、EV0、光圈优先、矩阵测光

📍 高雄左营春秋阁

▶ 夜间长曝时，如果有干净的天空，以及平稳如镜面的水面时，可以尝试用中分画面的镜面对比法拍摄，拍出来会有种实实虚虚的感觉

Nikon D50、Tokina 12-24 mm F4、24 mm、F18、30秒、ISO200、EV0、光圈优先、矩阵测光

◎ 台北大稻埕码头

▲ 有湖面的夜景，通常会利用长曝让湖面整个变得很柔很细，感觉很像一面很干净的镜子一样。但是如果天空不够漂亮，拍出来就会觉得照片中少了什么一样

Nikon D50、Sigma 18-50mm F2.8Macro、50 mm、F16、30秒、ISO200、EV0、光圈优先、矩阵测光

◎ 南投日月潭

▲ 夜间的长曝要记得一件事：没有光源的地方，怎么长曝也是不会出现影像的。而且过长时间的曝光只会让亮部全部过曝，而失去细节

Nikon D70s、Nikkor VR 24-120mm F3.5-5.6、24 mm、F4、20秒、ISO200、EV0、光圈优先、矩阵测光

◎ 台北信义商圈

▲ 如果喜欢那种抽象艺术，可以尝试在夜里找寻光点，然后开启B快门，自己利用手去画出自己想要的图案

吉米小诀窍 在长时间曝光中，最怕的就是移动了，可是有时候脚架再怎么稳，升起反光镜的瞬间，相机都会晃动，而造成失败的照片，在中档以上的单反相机里，会有一个称之为"反光镜预升"的功能，就是在曝光之前，先把反光镜抬起，等稳定之后才开始曝光，这样就不会影响到常曝的稳定度了。（这个功能跟清理CCD的"反光镜锁定"的功能是完全不一样的。）

月亮拍摄

Nikon D50、Tamron 500 mm F8、1/400秒、ISO200、EV0、
手动模式、矩阵测光

📍 台北阳明山

▲ 在利用望远端拍摄月亮的时候常常有一个误解，就是以为夜拍一定要长曝。其实利用望远端拍摄时，月亮的比例占整个画面会非常多，例如焦距为500mm时使用F8光圈拍摄时，都还要1/400秒的时间才不会过曝

Nikon D50、Tamron 500 mm F8、1/400秒、ISO200、EV0、
手动模式、矩阵测光

📍 台北阳明山

▲ 有时候发现为什么别人拍的月亮有凹凸不平，而自己拍的月亮却如平滑的圆球？这是因为太阳光源角度的关系，就如同在拍人像时，正面光与侧光的关系一样。通常只有弦月的时候，因为太阳光源在侧面，才有办法拍出凹凸不平的月亮，还有就是降低曝光度也可以让立体感增加

　　要全程监控拍摄月亮，需要有很多的仪器设备，这些是属于天文摄影的范畴，例如需要赤道仪等的东西。但是如果没有也不要气馁，善用手边的东西，利用自己能用的器材，只要有耐心，也可以拍出像如下照片中自己用手表计时，并手动移动角度的月偏蚀过程。

摄影创作赏析 ▶▶

星轨拍摄

　　曝星轨是摄影中令摄影师最兴奋，但却也是最累的一项拍摄活动，通常可能要持续曝光一个小时，甚至两三个小时。而为了避免相机被偷，还不能离开。通常都市中光害严重，能够成功曝星轨的场所都在海拔比较高的高山上。所以通常在耐住几个小时的寒风冻骨之后，成功拍出来的作品都会令人非常感动。

　　曝星轨一般需要长时间的曝光，数码相机常常会因为这样拍摄要求而有两种不足之处，第一是电池耐久力不够而没电，第二是长曝会造成噪点增多，所以一般还是使用胶片机来曝星轨会比较适合。漂亮星轨照的成功要素，都是要找到圆形星轨的中心点，所以带着指南针去找寻星轨中心的北极星是第一要件。

首次参与观星活动，首次拍摄星轨，也是新手使用中画幅胶片相机的无后期处理尝试，画幅大果然还是相当过瘾（120mm胶片摄影无后期处理）

Fujifilm GA645、Kodak E100VS、EV+1、脚架、快门线

◉ 阿里山塔塔加

📷 独妹˙szchuen

带着轻便的胶片傻瓜机，是随机拍星轨的好帮手（120 mm 胶片摄影无后期处理）

Fujifilm GA645、Fujifilm RDPIII100F、脚架、快门线

◉ 花莲富里六十石山

📷 独妹˙szchuen

Chapter 12

动态摄影 ——冻结时间 保鲜动感

　　动态摄影并不是单指赛场的运动摄影，而是泛指一切运动中物体的摄影范畴，并学习如何利用快门技巧来拍摄移动中的物体。这一类的摄影通常对于新手是有比较高的门槛，因为被摄物体在极高速的运动时，拍摄者非常难以掌控，而且有时候为了拍摄动态背景，拍摄者也必须同步移动，所以在相机稳定度的掌控上也必须非常的有经验。

12-1 高速快门下的冻结摄影

　　动态摄影的第一种，就是利用高速快门来冻结时间，让原本眼睛不容易观察到的细节，可以在时间停止的瞬间被捕捉到，而通常成功率会与自动对焦系统的强度、最高快门的速度有极大的关系。高端机身之所以昂贵，也是因为超快速的对焦系统、以及超快速的快门所组成，让许多不容易拍摄的高速状况下，有非常高的拍摄成功率，这些相机都是运动摄影记者所最需要的辅助工具。

Nikon D50、STamron 28-75mm F2.8、75 mm、F2.8、1/640秒、ISO200、EV0、光圈优先、矩阵测光
📍 日本宇治
▲ 高速快门可以冻结很多快速移动的物体，这些动作因为无法定格，所以在日常生活观察不到。也因为这样，冻结的画面都是非常迷人的。最常被冻结的摄影题材就是水，只要构好图，让快门可以达到固定的速度就可以冻结很多事物

Nikon D50、Nikkor DX 55-200 mm F4-5.6、66 mm、F5.3、1/80秒、ISO200、EV-0.3、光圈优先、矩阵测光

📍 台北松德路街头

▲ 水可以冻结，连火也可以冻结。所谓的高速快门，并不限于某些速度，通常只要快门高于被拍摄主体的速度，就可以冻结精彩的瞬间，而快门速度的拿捏则需要经验去累积

Nikon D50、Nikkor VR 24-120mm F3.5-5.6、95 mm、F5.6、1/1000秒、ISO200、EV0、光圈优先、矩阵测光

📍 台北金山海水浴场

▲ 高速快门在拍摄宠物上，只要预设好自动对焦的对焦点，也可捕捉到它们好动的身影

Nikon D50、Tamron 500 mm F8、1/500秒、ISO200、EV0、手动模式、矩阵测光

📍 台北内湖彩虹公园

◀ 通常在拍摄飞行物体时，常常除了追焦以外，还需要高速快门来辅助冻结他们的动作

吉米小诀窍　　在所谓的高速冻结摄影时，会有一种特殊的拍摄方式—陷阱式对焦，通常陷阱式对焦需要机身本身有支持，例如Nikon全系列DSLR都支持。原理就是优先定需要的对焦点，并设定连续对焦，此时该对焦点内因为没有合焦物体，所以机身会不停的等待合焦，直到拍摄物体进入合焦点的合焦瞬间，机身便会启动快门，就好像误触陷阱一样的启动摄影快门，非常适合可以预测运动轨迹的高速摄影。

摄影创作赏析 ▶▶

落水苹果

▲ 使用低反光的黑色绒布作为衬底，以凸显被摄物的动态效果，目前也准备尝试全白的背景效果、以及搭配偏光镜来减少反光。图中并未使用高速同步，而是让快门配合离机闪保持在1/60秒的速度，推测也许更高的快门速度能捉到更瞬间的画面，不过流动感可能会稍微降低

Nikon D200、Nikkor VR 70-200 mm F2.8、TC-17EII、MF、SB-800离机闪、黑色绒布、小鱼缸、苹果一枚外加一盏自制灯

◉ 鱼缸
◉ Callbusy

低速快门下的拖曳摄影

　　摄影通常都是冻结时间的瞬间，所以摄影作品可表现的大多只有空间的传达，想要做连续时间的视觉传达，先天上就会有限制。但是却有种很特别的方法，可以在静止的摄影空间中，表达出时间的流逝感以及物体的跃动感，这种方法就是刻意使用低速快门。

Nikon D50、Sigma18-50 mm F2.8 Macro、26 mm、F2.8与F14、1/800与1/25秒、ISO 200、EV0、光圈优先、矩阵测光

📍 台铁高雄段

◀ 低速快门对于很多稳定度不佳的拍摄者来说非常不喜欢用，因为低速快门相对来说，就是增加手抖而发生失败的机会，但是低速快门却可以让静态的照片进入动态的气氛营造。左图中将速度冻结，会发现只是一般的场景而已；而右图中，将快门放慢却可以引领观者在观看照片的同时，体会到现场的速度感

Nikon D50、Sigma18-50 mm F2.8 Macro、18 mm、F14与F18、1/80与1/30秒、ISO 200、EV0、手动模式、矩阵测光

📍 台铁高雄段

◀ 在拍摄旅途时，低速快门常常可以营造一种漂泊的感觉。左图中，快门稍快，结果只看到一个人在看窗外，没什么特色；而右图中却可以利用低速快门营造出在移动的火车上旅人盼归或是启程的感受

Nikon D50、Nikkor VR 24-120mm F3.5-5.6、62mm、F5.3、1/8与1/2秒、ISO200、EV0、光圈优先、矩阵测光

📍 宜兰雪山隧道

▲ 低速快门除了可以描绘速度感外，让快门更慢可以拍出一种跃动的抽象感。上图中，低速快门已经营造出一种隧道中快速前进的感觉；而下图中，让快门速度更慢，再搭配车子的晃动，让路面与车子感觉跃动了起来

Nikon D50、NikkorDX55-200 mm F4-5.6、155 mm、F5.6、1/200秒、ISO200、EV0、光圈优先、矩阵测光

◎ 高雄市新光码头

▲ 在运动拍摄中，可以利用高速快门冻结速度，但如果可以拿捏高速与低速中的时间点，在冻结速度的同时，也会因为稍底的快门速度而保留拖曳残像后的速度感。利用低速快门与陷阱式对焦，在运动中可以拍出瞬间定格却有速度感的画面

Nikon D50、Tamron 28-75mm F2.8、60 mm、F6.3、1/160秒、ISO200、EV-0.7、光圈优先、矩阵测光（SB-800闪灯补光）

◎ 台北信息展会场

▲ 拍摄展场人像时，不要一味只去拍摄静态的Show Girl，善用快门的速度，可以把冻结的瞬间记录，也把展场活络的跃动感表现出来

Nikon D50、Tokina12-24 mm F4、12 mm、F4、1/25秒、ISO200、EV0、光圈优先、矩阵测光

◎ 台铁自强号花莲段

▲ 团体旅游摄影记录中，善用广角与低速快门拍摄，可以营造一种快乐互动的热闹气氛

Nikon D50、Carl Zeiss Jena 135mm F3.5、F3.5、1/8秒、ISO200、EV0、光圈优先、矩阵测光（M42转接环＋手动镜自动对焦AF机构）

📍 台北信义商圈

◀ 在街头拍摄时，利用俯瞰的视角以及低速快门，可以拍摄出城市里人来人往的忙碌感

Nikon D50、Tokina 12-24 mm F4、17 mm、F4、30秒、ISO200、EV0、光圈优先、矩阵测光

📍 台中高美湿地

▶ 低速快门搭配后帘闪光灯同步，可以拍出分身与光轨迹的画面，产生一种不同的摄影游戏。照片中先设定30秒的快门速度，然后再利用快门要关起来的瞬间闪光（后帘闪光同步）。一开始在右边原地口中倒数时间，并做手部动作计算20秒，接着移动5秒并画出光轨迹（移动迅速来不及曝出人像），在最后5秒内到达定位，这样闪光灯亮的同时又会出现另一个身影在左边

吉米小诀窍

通常拖曳摄影最难掌控的就是快门的速度，快门速度太快，无法表现出速度感；快门速度太慢，则会因为同一点曝光太多次而造成影像的混乱，所以通常需要有快门速度控制的经验。一般而言广角端需要的快门时间要较长，而望远端则需要快门时间较短，如果记不住就是利用焦段值的二分之一的倒数就是适当的快门速度：例如50mm的焦段就是快门速度维持在1/25秒左右，而200mm焦段是快门速度维持在1/100秒左右。

摄影创作赏析 ▶▶

生活中的感动-饮水思源

▲ 时间冻结

CANON5D+35 mm F1.4L+580EX

◉ 自家

📷 JAYCHEN

迷城

▲ 在月圆时刻、多云的凌晨，利用慢速快门来营造白云漂移的感觉

Nikon D200+Tokina12-24F/4上脚架

◉ 高雅市星光码头

📷 好摄的肯特（KentCheng）

生活中的感动-饮水思源

▲ 时间冻结

CANON5D+35 mm F1.4L+580EX

◉ 自家

📷 JAYCHEN

SpeedHongKong

▲ 利用追踪摄影来表达香港街头的速度感

NikonD200+AFS17-35 mm F2.8D

◉ 香港九龙街头

📷 homeJerry（JerryKuo）

12-3 曝光中途变焦摄影法

　　还有一种非常特别的拍摄法称之为"曝光中途变焦摄影法"，这种拍法是善用变焦镜头的特色，在适当的低速快门拍摄中，于曝光尚未完成时，就转动变焦环，而造成一种由中心往外或由中心往内线性扩散的动态效果，通常会将主角安置于镜头的正中央，而利用"曝光中途变焦摄影法"可凸显主角的特性，并加上了类似时间移动的动态效果。但是这种摄影方法的成功率取决于手的稳定度，所以必须要找寻固定点，或是善用手肘三角固定法的摄影姿势。

Nikon D50、Sigma 18-50 mm F2.8 Ma-cro、50mm、F2.8、1/400秒、ISO200、EV0、光圈优先、矩阵测光

◎ 台北深坑

▶ 在曝光中途变焦摄影法有两种拍摄方式，各会有不同的效果。上图中利用望远转端变广角端，而造成只有水果而没有其他旁景；而右图中使用广角端变望远端，除了水果以外把周围的气氛都带进来了

Nikon D50、Sigma18-50 mm F2.8Macro、50 mm、F2.8、1/400秒、ISO200、EV0、光圈优先、矩阵测光

◎ 日本关西空港

▲ 在深邃的隧道中，利用曝光中途变焦摄影方法，可以营造出类似时光隧道的感觉

Nikon D50、Sigma18-50 mm F2.8Macro、50 mm、F2.8、1/400秒、ISO200、EV0、光圈优先、矩阵测光

◎ 日本关西空港

▲ 找寻有几何规律图形的场所，利用广角端变望远端的曝光中途变焦摄影方法，让层层迭迭的几何图形来做这种凸显主题

Nikon D50、Sigma 18-50 mm F2.8 Macro、50 mm、F2.8、1/400秒、ISO200、EV0、光圈优先、矩阵测光

📍 日本关西空港

▶ 找个不变的招牌，让它处于中心点，然后利用曝光中途变焦摄影方法，这样原本枯燥无味的招牌也瞬间跃动了起来

Nikon D50、Sigma18-50 mm F2.8Macro、50 mm、F2.8、1/400秒、ISO200、EV0、光圈优先、矩阵测光

📍 台北象山顶

▲ 拍摄夜景时，也可以利用曝光中途变焦摄影方法来做不同的布局，但是记得要找光点平均分布的画面，否则就会变成如上图中，画面只有下面亮而上面暗这种头重脚轻的不稳定感

吉米小诀窍　通常"曝光中途变焦摄影法"有两种实用的拍法，一种是由广角端往望远端渐变，会造成线条由照片四角往内缩的挤压感；另一种则是由望远端往广角端渐变，会造成由中心往四角落外扩的膨胀感。一般这种摄影的主体要摆置于正中央且不要太大，否则会容易因主体被移动的线条覆盖，而失去主体性，通常比较容易成功的快门速度大约要控制于1/15秒左右。

摄影创作赏析 ▶▶

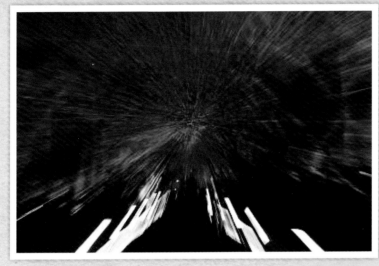

樱舞

◀ 置身于樱花光廊之中，利用低速快门及快速转动变焦环，让四周的樱花于空间中展现舞动幻化之美

Canon20D+Canon10-22 mm F/3.5-4.5

📍 九族文化村
📷 JasonTien

梦里摩天轮

▲ 脚架拍摄，在曝光时转动对焦环，造成光线残影之视觉效果

NikonD200+Tokina12-24 mm F4上脚架

📍 高雄梦时代百货
📷 好摄的肯特（KentCheng）

Part 03

摄影后期

处理——牛片画龙点睛术

数码摄影之所以可以在短时间内异军突起，除了能随拍随看的原因之外，还有一个原因就是可以在拍摄过后，对照片的不足之处进行后期处理，弥补前期拍摄的缺憾。但这也是数码摄影容易引起争端的原因，后期处理不只使摄影同行彼此之间互相质疑，有没有为照片造假，而且在许多比赛中被明文禁止。事实上，后期处理绝对不能跟造假划上等号。只是小部分人对照片进行过分后期处理，反而扼杀了许多在传统摄影时代会令人瞠目结舌的牛片场景。

Chapter 13

数码照片后期处理——我的照片我做主

13-1 数码照片后期处理简易概念

在进入数码照片后期处理的殿堂之前，必须要树立一个很重要的观念：后期处理只是一种照片修饰手段，而不能成为造假的手法。把数码摄影相对于传统摄影来定位，后期处理可认为是"数码暗房"。后期处理是要让照片更趋近于完美，而不是为了哗众取宠。

不管数码摄影或传统摄影，如果摒除暗房这一阶段的处理，那可能所有对照片的评比都要严格规定必须使用某一个品牌的某一款镜头，甚至是连胶片都要规定品牌和感光度，不然可能都不算公平的评比。但在如此失去自由度的摄影评比中，可能连喜欢蔡司镜头的摄影师，都会被质疑是利用镜头镀膜优势来作弊。

后期处理有很多软件，但是基本原理是相同的，所以本章使用的范例并不局限于某一种软件。掌握了数码照片后期处理之后，不管哪一类的软件，都可以很快速地上手使用。如果要更深入地学习这项技能，建议大家找专门为该类软件所撰写的工具书学习。

亮暗部与中间色调

进入后期处理阶段前，新手大多会注意光圈值与快门速度。因为光圈与快门速度如果没有调整好，常会产生过曝或曝光不足的照片；在数字时代里只要这类情形的基本知识与技巧不太过分，都能使用数码后期处理软件校正，但先要了解照片亮暗与软件显示数据之间的关系。

一张照片中会有亮部与暗部的区分。通常拍摄时，过亮部分就要调暗，过暗部分就要调亮。如下图，在任何后期处理软件中几乎都可以找到"色阶"功能，图中黑色山型图就代表该照片的明暗分布。最平均的分布就是山的最高点在整个分布图的正中央，偏左则代表偏暗，偏右则代表偏亮。其实几乎每一款数码相机都可以显示照片的色阶图（通常叫做"直方图"），当相机测光错误或是不支持手动镜头测光时，就可以利用这个色阶图来确定照片是不是过亮或过暗。

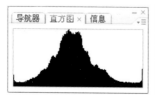 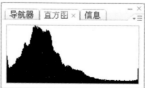 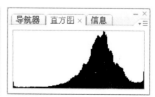

在"输入色阶"区域右下方的白色小三角形是亮部细节调整滑块，左边黑色的小三角形是暗部细节的调整滑块，中间灰色小三角形是中间色调整滑块。如图是一张照片的"色阶"对话框，会发现整个黑色区偏左，表示照片中的暗部较多；右边的空白一片，表示这里几乎没有亮部细节。把右下的滑块往左移动照片会变亮，代表舍弃了没有亮部细节的部分，而让其余的亮部平均分布；而左边的黑色区域也有一点点空白，把左下的滑块往右移动，照片会变暗，但也会因为暗部细节平均分布使得颜色变浓艳。如果不想强化明暗细节的分布情形，可以只调整中间的中间色滑块。

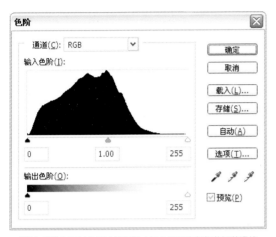

▲ "输入色阶"区域右下方的白色小三角形是亮部细节调整滑块，左下方的黑色小三角形是暗部细节的调整滑块，而中间的灰色小三角形是灰阶调整滑块

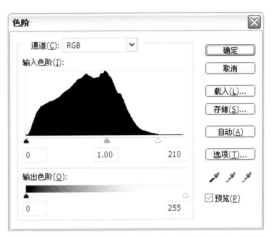

▲ 将右边的白色滑块往左移到黑色山型部分的底部位置，来删除没有亮部细节的部分，让照片变亮；将左边黑色滑块往右移到黑色山型部分的底部位置，去除没有暗部细节的部分，让照片颜色变浓

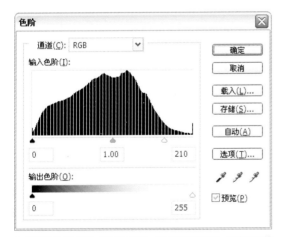

▲ 在调整完成后单击"确定"按钮，再重新查看色阶，就会发现整个黑色山型的顶峰变得更接近正中央，并趋于平均型的常态分布，这样照片曝光就调回正常了

吉米小诀窍 调整色阶需要很多的经验。很多后期处理软件都有"自动色阶"的功能（有的软件称之为"自动曝光"功能）。只要照片不要曝光误差太过分，利用这个功能就能把照片调整到最佳状态。

清晰度与锐化

照片的清晰度除了与镜头的成像质量有关以外，还与拍摄时手持相机的稳定度有关，也就是俗称的有没有手抖。在数码摄影时代有一个好处，就是只要镜头的成像质量不是太差，不需要买到很高价的镜头也可以利用后期处理的"锐化"功能来强调物体的边缘，让照片变清晰。

对于拍摄时有手抖的照片，只要程度不是很严重，也都可以利用"锐化"功能使照片变回清晰状况。不过也不是可以无限锐化，如果锐化过度，会让照片不自然而出现颗粒状与死硬的现象。

▲ 这是从正常照片剪裁得到的，未经过任何的调整　　▲ 这是剪裁下来并经过300%锐化的结果

对比与反差

对比（Contrast）这个选项在很多软件里都可以调整，但很多人都不知道何谓对比。从色彩管理方面来看，所有颜色都是从三原色混合得到的，当两种颜色的来源色太过于接近（两种颜色太接近几乎可以渗在一起），就可以说这两个颜色对比不明显，反之则称为对比很明显。对比越明显表示照片颜色越鲜艳，所以许多人会利用对比调整来模拟正片的效果。但记得不要无限制地调整对比，对比太明显在视觉心理学上，会让观者有很强烈的紧张感。

反差（Contrast）与对比（Contrast），在英语里是同一个单词，但是为了解释之后的高动态范围（HDR），以及与"对比"名词区别，这里就简单视反差为没有颜色的明暗对比。如果一个很亮的东西跟一个很暗的东西配在一起，就可称为高反差（THRESHOLD，临界值）。

反差越小明暗差异越小，反差越大明暗差异越大，合理控制反差可以凸显照片的锐利与立体感。在传统摄影中，决定反差范围大小的是胶片与镜头的性质；而在数码摄影中，以相机感光元件与镜头为反差的决定因素。

▲ 反差过大的场景，让暗部完全变成剪影

吉米小诀窍　许多数码相机厂商都宣称其产品的感光元件有高动态范围（HDR），但所谓的动态范围是指在正常曝光时，照片可以承受多亮而不过曝，可以承受多暗而不过暗。简而言之，就是以逆光拍摄照片时，如果使用动态范围小的相机来拍，亮的部分会过曝而完全失去细节，只看到死白一片；而暗的部分也只会全黑一片。数码HDR后期处理可以弥补一些动态范围不高的限制。

压缩率与分辨率

在后期处理完成以后，通常很多人最搞不清楚压缩率与分辨率。压缩率越高，照片越容易出现马赛克而失真；压缩率越低，文件会越大，而造成传输较慢与浪费储存空间的问题。通常在储存JPG文件时，不建议使用80%以下的压缩率。如果需要数码输出，至少要有90%到100%的压缩率。

另外，分辨率的设置除了与屏幕分辨率有关，还与数码冲洗有关。分辨率越大，照片可以放得越大而不出现马赛克。数码冲洗输出时会根据尺寸而有分辨率建议值，小于即定的分辨率所冲洗出来的照片，就会变成不够清晰的低画质照片。

数码输出尺寸与分辨率参考建议值

照片尺寸（英寸）	最低分辨率	照片尺寸（英寸）	最低分辨率
2x3	640x480	6x8	1800x1200
3.5x5	800x600	8x10	2400x2000
4x6	1280x960	8x12	2400x1600
5x7	1600x1200	12x18	3000x2000

13-2 | Noiseware Pro 去噪点简易入门

很多品牌的数码相机都以高ISO值、无噪点的特质来吸引买家，但其实相机没有这样的功能也没关系，因为只要善用下面的方法，就能超越这些相机自带的去噪点功能，甚至还可自己建立去噪点的条件。最重要的是要完整地将现场的气氛记录下来，噪点就留给Noiseware Pro这个超专业的软件去处理就好。

▶ 左图中，因为处于暗光环境，连F1.8的光圈都没办法拍摄，只好把Nikon D70s的ISO设置为1600，拍出来的照片果然如预期一样雪花满天；右图则是利用NoiseWare的自动噪点处理后的效果，将修改好的照片变得比相机设定ISO 100拍摄的照片还要干净

Noiseware超简单快速去噪点

STEP 1

在工具栏中单击"Open"按钮，选取要打开的文件，然后在"Setting"下拉列表中选择"Default"选项再单击Go按钮。

STEP 2

接着就会看到处理好的照片了，如果不喜欢处理的结果，可以按快捷键 Ctrl + Z 键来恢复未处理前的状态，再选择其他不同的模式来套用看看。

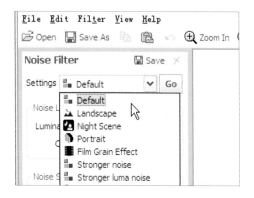

▲ Setting下拉列表中，Landscape适合风景、Night Scene适合夜景、Portrait适合人像、Film Grain Effect适合传统胶片

吉米小诀窍 在处理好照片，而尚未存档前，试试看把光标移到窗口中的照片上，单击后放开鼠标左键，就会看到处理前后的噪点差异性。

批处理文件

STEP 1

将要合并批处理的文件全部放在同一个文件夹中，然后如图所示，在"Add"下拉菜单中执行"Add Folder"命令。

STEP 2

在弹出的"浏览文件夹"对话框中，选择照片所在的文件夹，再单击"确定"按钮。

STEP 3

单击右下角的"Edit Settings"按钮，弹出如图的对话框。第一个是设定批处理后文件的种类，例如人像或是风景等。第二个则是设定目标文件夹，以存放处理好的文件夹名称（保持预设即可）。第三个则是处理好的文件会加注的名称（保持预设即可）。第四个则是选取要储存的文件格式（保持预设即可）。完成后单击OK按钮。

STEP 4

单击"Run Batch"按钮，弹出如图的对话框，询问是不是要处理这几个文件，单击"是（Y）"按钮以后，就会开始批处理了。

STEP 5

在处理的过程中，会显示有多少个文件已经处理完毕，还需要多少处理时间，记得不要单击"Cancel"按钮，否则会全部停止。

STEP 6

批处理好后会弹出这个对话框，再单击"OK"按钮就大功告成了。

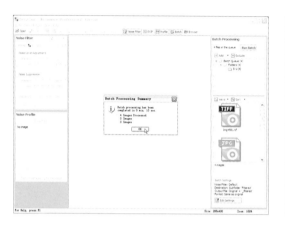

STEP 7

到当初设定的文件夹中看看，新增一个"fil-tered"的文件夹，里面全部都是去好噪点后的文件。

13-3 光影魔术手简易入门（nEO iMAGING）

目前在数码照片后期处理中功能最强的应该就属Photoshop（简称PS）莫属了。但是也因为它功能最强，学习的门槛也最高，简而言之就是最难上手。所以在数码摄影流行起来之后，许多好用但却容易上手的后期处理软件就如雨后春笋般的一个个崭露头角了。目前最容易下载也最常被人拿来使用的有Photocap与光影魔术手（nEO iMAGING）。Photocap功能非常强大，而光影魔术手非常好上手。

Tips　PhotoCap下载网址：http://www.photocap.38.com/
　　　nEO iMAGING下载网址：http://www.neoimaging.com.tw/

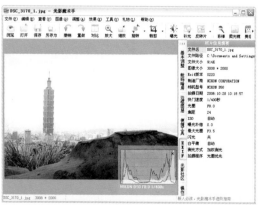

▲ 光影魔术手（nEO iMAGING）的操作界面

▲ Photocap的操作界面

因为笔者拍摄量较大，所以很少去用Photoshop大刀阔斧地进行后期处理，大多是使用光影魔术手进行简易操作。因为Photoshop开启时间长，除非是抢救失败的摄影作品或需要HDR才会使用。光影魔术手的好处是操作界面非常人性化，即使是不懂原理的使用者，套用软件中的默认值也可以调出非常专业的后期处理效果，而懂原理的使用者则可以开启微调功能，深入调整其中的细项。总之光影魔术手是一个自由度非常高的软件。

▲ 完全未经处理的原始图文件 ▲ 使用光影魔术手反转片功能调整的照片 ▲ 使用光影魔术手黄昏渲染功能将白天变成黄昏后的效果

光影魔术手的基本功能

STEP 1

开启光影魔术手后，会看到如右图所示的照片的相关信息，色阶就是目前照片明暗部细节的分布情况，而右侧显示摄影信息（EXIF），连拍摄时使用什么镜头都可以显示出来，这些对于后期处理都有很大的帮助。

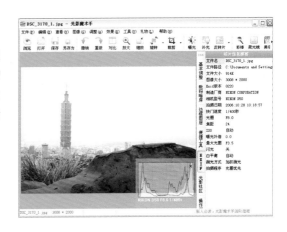

STEP 2

在使用光影魔术手必学的几个功能里，第一个就是"查看"菜单中的"对比模式（双页）"功能。这个功能可以让使用者比对处理前与处理后的照片差异，便于能随时控制调整照片的前后差异性。

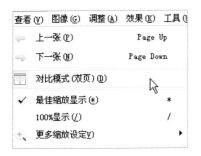

STEP 3

在"图像"菜单中常用的有"缩放"与"变形校正"功能。

. 缩放：利用比例变化来调整照片的切割方式，例如将照片切割成16:9的宽图。

. 变形校正：利用滑块来校正因镜头而内缩（枕状变形）或外扩（统状变形）的变形照片。

STEP 4

"调整"菜单中的各项功能与Photoshop的微调功能很像，所以可以善用这些功能来微调整张照片的细节部分。

- **曲线色阶部分：** "色阶"是设定明暗部的分布、"曲线"则能细调某种颜色的明暗。
- **色调调整部分：** "RGB色调"可以加强某个颜色的凸显性，"色相/饱和度"可以调整颜色的饱和与否，"色调混合器"可以利用三原色单独调整照片的色调。
- **色系改调部分：** "反色"可将正负片颜色互转、"单色"可将照片调整成单一色系的照片。
- **测光调整部分：** "自动曝光"可自动判定曝光正确性、"数字点测光"可利用自己指定的区域来调整曝光正确性、"亮度/对比/Gamma"则是利用滑块来微调亮度。
- **准白平衡部分：** "自动白平衡"可让电脑简单自动校正白平衡、"严重白平衡错误校正"可调整严重色偏的照片、"白平衡一指键"可自行指定白色区域来调整白平衡。

STEP 5

在"效果"菜单中提供一种简易智能型的套装调整功能，只要使用默认值，就能自动将相片处理得非常完美。

- **增减曝光功能：** "数码补光"与"数码减光"功能，可以在不损失细节的前提下，增亮与调暗照片。
- **胶片效果功能：** "反转片效果"可将照片的对比度提高，模拟出正片的效果，"反转片负冲"则能模拟传统胶片摄影中一种呈现特殊颜色的暗房技巧，"黑白效果"可将照片转变成黑白照片，"负片效果（HDR）"则是将亮部调暗或暗部调亮，来有限度地提高照片的动态范围。
- **人像美容功能：** "柔光镜"可以简单地为人像照片加上柔光效果，"人像美容"则提供美白与磨皮的功能，"去红眼/去斑"可以协助去红眼与斑点。
- **其他增益功能：** "模糊与锐化"利用简单的控制来修正照片的清晰度、"降躁"可以简单地将照片上的噪点做消除或增加、"风格化"可以制作浮雕化、纹理化、电视扫瞄线，与Lomo风格的特效、"其他特效"则包含许多原本在Photoshop高手才掌握的高端特效，例如高动态范围（HDR）与晚霞渲染的神奇功能。

STEP 6

在"工具"菜单中提供了许多装饰美化的出图功能，可以制作更多不同的照片边框等。

- **边框制作功能：** 提供了几个不同的边框功能。
- **文字图层功能：** 利用三个不同的文字加注功能，替照片简单加上文字批注。
- **证件排版功能：** 提供证件与多图组合的自动排版功能。
- **其余信息功能：** 提供了许多照片信息的显示功能。

STEP 7

在光影魔术手的工具栏中有一个"自动"选项。"自动"功能可以让用户利用"自动动作选单设置"的设定选项，来为自己量身订做专属的自动功能，让照片依照用户的设定自动套用所有特效，而不用一步步手动设定。操作简单却功能强大，这是笔者在快速处理照片时，不可或缺的一个功能选项。

13-4

色彩管理王简易入门（SilkPix）

每一个不同的后期处理软件都有其强项，日本市川实验室SilkPix的强项就是色彩管理功能，其中的肤色控制与胶片色调调整功能更是令人瞠目结舌。

这里要完整介绍SilkPix各项功能可能没办法，在这里只能尽量把好用的功能让读者了解一下该软件的特色。

STEP 1

在该软件中，最好用的就是Operation > Skin Color tool命令，只要用这个工具去修饰皮肤，马上可以调出最漂亮的肤色。

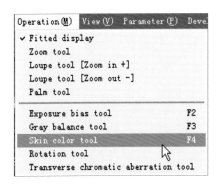

STEP 2

在"View"菜单中，可以利用"Thumbuail mode"、"Combination mode"和"Preview mode"来选择不同的预览模式，预览自由度非常高。

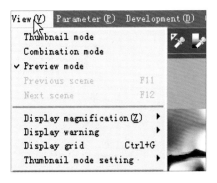

STEP 3

执行"Parameter > Copy develoment parameters"命令，把每一幅调好的照片参数完全复制到另一个照片上去。

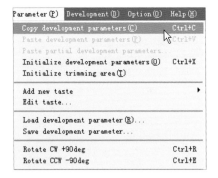

STEP 4

在曝光控制部分，利用"Auto"选项可以马上自动分析最适合的曝光值是多少。

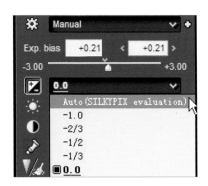

STEP 5

使用白平衡的"Auto"选项，可以在许多白平衡错误的照片中，很快速地把白平衡校正回来。

STEP 6

对比模式与一般需要微调的复杂功能不同，而是提供了几种建议，对于新手来说，非常容易上手。

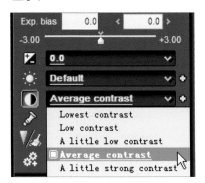

STEP 7

色彩管理部分提供了13种不同的色调组合。

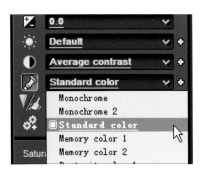

STEP 8

锐利度的设定也给予了几个比较直观的设定值，让新手可以很快上手。

超完美全景图后期处理（Autostitch）

在10-7节中介绍全景图拍摄时，提到的全景图的拍摄技巧之一是利用Autostitch软件来做接图的运算。过程很简单，只要把照片加到软件中，什么都不用设定，一张完美的全景图就会出来了。

STEP 1

利用10-7节介绍的拍摄方法，手持连续由左向右移动拍摄25张，并把全部的照片放在同一个文件夹。（这个文件夹不能放在桌面，也不能是中文命名，否则软件将无法使用。）

STEP 2

开启Autostitch软件，执行"File＞Open"命令。

STEP 3

弹出"打开"对话框后，选择放置所拍照片的文件夹，并选取所有文件后，单击"开启"按钮。

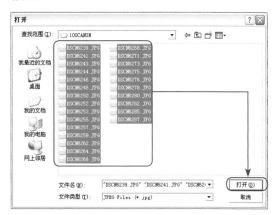

STEP 4

不用执行任何设定，软件就会自动运算，并调整亮度与接合，只要等Status对话框提示照片合成完成。

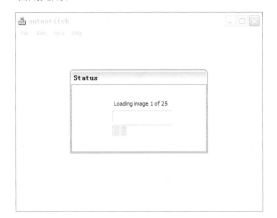

STEP 5

到放置源文件的文件夹中查看，会发现两个新的文件。pano.jpg就是合成出来的全景图照片，而pano.txt就是合成的过程中的微调记录。

▼ 全部处理完后，合成的照片周围会有黑框，利用任何一个后期处理软件把黑框剪裁掉即可

简易胶片风格后期处理

　　这里介绍两种用来模拟底片风格的软件，而且使用上都非常简单。只要直接选择软件提供的功能就可以完成照片的处理，几乎都不需要任何专业技巧的。建议尝试这两种软件，处理后照片的效果会和用胶片拍出来效果的一样。

光影魔术手的胶片模拟效果

　　利用光影魔术手的"反转片"效果，可以马上将数码照片转换成迷人的色彩。即使不懂高深的后期处理原理，也能让照片马上使用，就如同专业的色彩管理实验室所调教出来的效果一样。

▲ 原始未经处理的照片

▲ 素淡人像反转片风格

▲ 淡雅色彩反转片风格

▲ 真实色彩反转片风格

▲ 艳丽色彩反转片风格

▲ 浓艳色彩反转片风格

SILKPIX的胶片模拟效果

　　SILKPIX软件的强项就是色彩管理功能。不需要专业知识，也可以直接使用软件自带的各种色彩模拟效果，而且很多效果都是其他软件无法做到的。就算是精通Phoroshop的人，也很难调出这样的颜色效果。

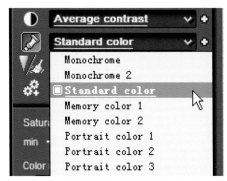

▲ SilkPix软件的色彩管理功能中，提供13种专业的色彩教调功能

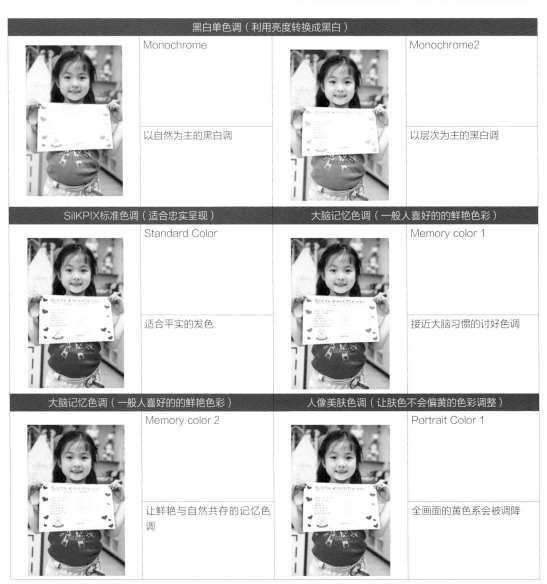

黑白单色调（利用亮度转换成黑白）	
Monochrome	Monochrome2
以自然为主的黑白调	以层次为主的黑白调
SilKPIX标准色调（适合忠实呈现）	大脑记忆色调（一般人喜好的的鲜艳色彩）
Standard Color	Memory color 1
适合平实的发色	接近大脑习惯的讨好色调
大脑记忆色调（一般人喜好的的鲜艳色彩）	人像美肤色调（让肤色不会偏黄的色彩调整）
Memory color 2	Portrait Color 1
让鲜艳与自然共存的记忆色调	全画面的黄色系会被调降

人像美肤色调（让肤色不会偏黄的色彩调整）			
	Portrait Color 2 肌肤的黄色系会被减弱，而其他的色系则调整成标准色		Portrait Color 3 所有的黄色系会被减弱，而其他的色系则调整成Memory color 2
胶片模拟色调（模拟正片的颜色）			
	Film Color V1 模拟RVP 50的素雅色调		Film Color V2 模拟RVP 100的油亮色调
胶片模拟色调（模拟正片的颜色）			
	Film Color P 模拟Provia的青蓝色调		Film Color A 模拟Astia的素雅色调
胶片模拟色调（模拟正片的颜色）			
	Film Color K 模拟Kodak chrome的暗沈色调		

| 13-7 | 前卫LOMO风简易后期处理

有一种叫LOMO风的摄影风格。这种用LOMO相机拍出来的照片的边角失光，噪点很大多，反差大，过曝或曝光不足，而且有时候还会模糊不清，没准备对焦。但是却有庞大的人群对LOMO风格乐此不疲，因为这种风格有时候可以很容易就拍出前卫的照片。

如果想尝试拍摄LOMO风格的照片，又不想花钱太多，可对已经拍好的照片利用光影魔术手软件，也可很简单的制作出LOMO风照片。

▲ LOMO风格的照片

Tips　两个非常知名的LOMO中文网站：
LOMO亚洲官方网：http://www.lomographyasia.com/home/
LOMO台湾社群网：http://www.lomotw.com/

STEP 1

因为LOMO风照片整体很暗，所以处理LOMO风之前先把照片增亮。利用光影魔术手打开一张照片，依序执行"效果＞数码补光"命令。

效果(E)　工具(U)　礼物(L)　帮助(H)

再做一次[无](R)　Ctrl+F

数码补光(B)...　　　　F2　　　裁剪

数码减光(M)...

反转片效果(P)...　　　F3

反转片负冲(S)...　　　F4

STEP 2

弹出"补充"对话框，这里把"强力追补"的参数值设成1，然后单击"确定"按钮。

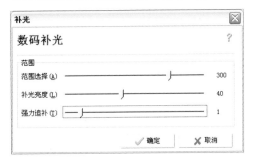

STEP 3

执行"效果 > 风格化 > Lomo风格模仿"命令。

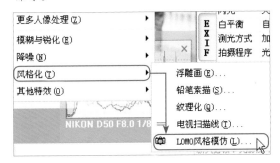

STEP 4

弹出LOMO对话框。"暗角范围"表示要让中间的高亮区范围有多大，"噪点数量"则是会仿真出很多噪点的颗粒，"对比加强"可以让照片变得很鲜艳，"色调调整"则能让照片色偏。这里依序将参数调整为80、40与100。

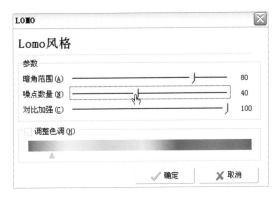

STEP 5

在工具栏中单击"反转片"选项右侧的下三角按钮，在弹出的下拉菜单中执行"艳丽色彩"命令，让照片对比更高更鲜艳。而最后这个步骤可有可无，如果想要让照片更有味道，还可以在工具栏"负冲"选项来模拟照片被冲坏的感觉。

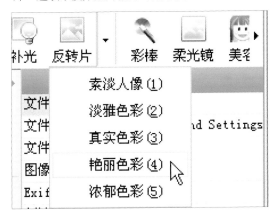

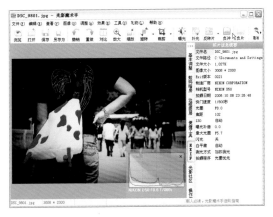

STEP 6

查看原图与模拟后的结果，是不是完全不一样了，前卫的Lomo风格很简单就完成了。

▲ 将左图的正常照片处理成右图的Lomo风格

13-8 小人国的世界（数码移轴特效后期处理）

在网络上有些人会把场景拍成小人国的感觉，这些照片通常都是由移轴镜拍成的。移轴有几种形式：Tilt（垂直摇摆）、Swing（水平摇摆）与Shift（垂直与水平移动）。而通常这些小人国的照片都是利用摇摆功能拍出来的特殊视角效果。平移则是用来修正建筑物因为镜头视角而造成的水平与垂直变形。这些镜头的效果很好玩，可是都非常昂贵。如果买不起，可以使用Photoshop的快速蒙版与镜头模糊滤镜对照片进行处理，模仿这种效果。

▲ 这就是移轴效果的Tilt（垂直摇摆），是不是感觉像是在模型世界里面

STEP 1

在Photoshop中打开一张照片，然后按键盘上的 Q 键，启用快速蒙版，这个时候会看不到任何变化。右边的"历史记录"面板中看到如图所示的"进入快速蒙版"纪录选项。选择工具栏上的渐变工具，然后在上方工具栏中选择第四个渐变样式——对称渐变。

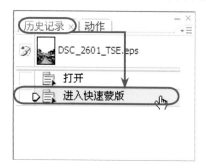 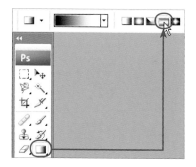

STEP 2

在照片上单击鼠标左键往上或往下拖曳，就会出现如图的红色区域，这个区域就是要保留照片原有的效果，其他非红色区域之后则会变成模糊的散景。

STEP 3

再一次在键盘上按下 Q 键，这时就会撤销快速蒙版，而在照片中出现如图所示的虚线框线。

STEP 4

执行"滤镜＞模糊＞镜头模糊"命令。接着会弹出"镜头模糊"对话框，只要依照图中的设定去调整参数值后，再单击右上方的"确定"按钮即可。接着执行"图像＞调整＞曲线"命令。

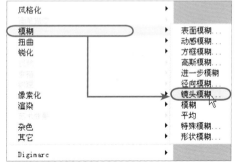

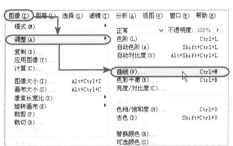

STEP 5

弹出"曲线"对话框后，拖曳曲线，或是如图在左下方的"输入"与"输出"文本框中分别输入169与211，然后单击"确定"。最后另存文件，就得到移轴效果的照片了。

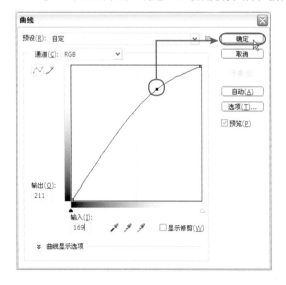

▲ 比较一下，有移轴效果和没有移轴效果的照片差在哪里？左图与右图分别是原图和有移轴效果的照片

数码仿真红外线摄影

　　目前在坊间很流行高速红外线摄影，但是改机的费用非常昂贵，如果使用IR红外线滤镜拍摄，又需要花费四五千元，而且取景器中还会看不到东西。这里使用Photoshop来使三原色的饱和度发生变化，让原始照片变成仿真的红外线摄影照片。

▲ 数码仿真红外线IR照片

▲ 未调整前的原图

STEP 1

　　在Photoshop中打开需要进行红外线仿真的照片。

STEP 2

　　执行"图像＞调整＞替换颜色"命令，将会弹出"替换颜色"对话框。

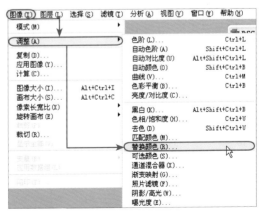

STEP 3

弹出对话框后，把光标移到照片上并在蓝天的部分单击，接着回到对话框中，把"颜色容差"选项调到"180"，再把下面的"明度"选项调到"-90"，然后单击"确定"按钮。

STEP 4

执行"图像＞调整＞色相／饱和度"命令，将会弹出对话框。

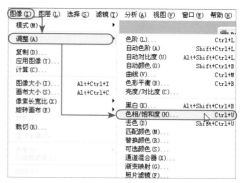

STEP 5

在弹出的"色相／饱和度"对话框中把"编辑"选项设定成黄色，并将"明度"选项调到"+100"，不要做任何动作，继续下一步。

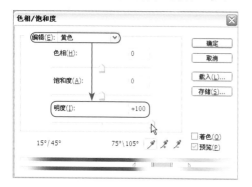

STEP 6

在同一个对话框中把"编辑"选项调成绿色，并将"明度"选项调到"+100"，然后单击"确定"按钮。

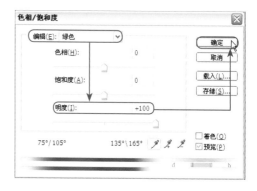

STEP 7

在菜单栏中执行"图像＞调整＞去色"命令。

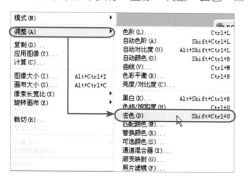

STEP 8

执行"图像＞调整＞色阶"命令。

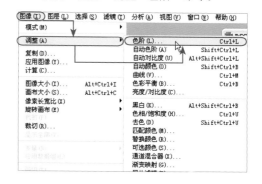

STEP 9

在弹出的"色阶"对话框中，将"通道"选项调整成"绿"通道，再将"输入色阶"改成"7、1.85、190"，然后单击"确定"按钮。

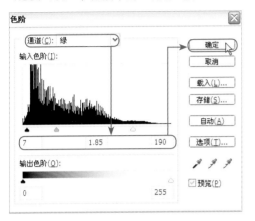

STEP 10

最后执行"图像＞调整＞去色"命令，就全部大功告成了。然后只要存成自己要的文件格式就可以了。

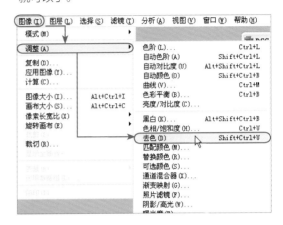

高动态范围（HDR）后期处理法

| 13-10 |

照片在亮与暗之间有最大的容许范围，所谓的HDR（High Dynamic Range），就是在同一张照片可以容许非常亮与非常暗的场景同时出现，而不会出现过曝与过暗的结果。虽然只能利用HDR的后期处理方法来完成，但在拍摄时也要尽量保持亮部不要过曝而失去细节，然后利用软件调整时才能显示更多细节。

一般暗部细节不太容易消失，只会因为过暗而出现噪点，所以要使用HDR的拍摄方法。通常都会在拍摄的时候故意让暗部曝光不足，从而保留亮部的细节。

▲ 左图中为了要让暗部曝光正常，却让窗外的景象消失了；而中间的图为了让窗外的曝光正常，却使得下面的人群通通曝光不足；右图利用后期处理，让两个原本不兼容的亮部与暗部通通出现了

STEP 1

在Photoshop中打开要使用HDR的照片。然后执行"图层＞复制图层"命令。

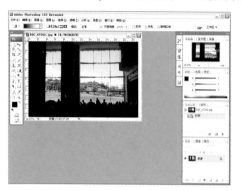
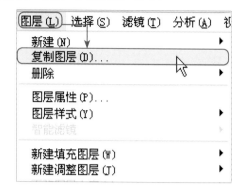

STEP 2

弹出"复制图层"对话框后，不做任何改变，直接单击"确定"按钮。再执行"图层＞复制图层"命令。

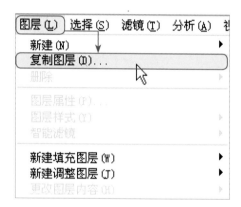

STEP 3

在弹出的"复制图层"对话框中，不做任何改变，单击"确定"按钮。将右下角的图层面板中的"背景"图层拖曳到最右下方的"删除图层"按钮上，删除图层。

STEP 4

选择"背景 副本 2"图层，再单击图层名称右侧的"指示图层可见性"眼睛图标，让眼睛图标消失。在菜单栏中执行"图像＞调整＞阴影／高光"命令。

STEP 5

在弹出的"阴影／高光"对话框中，将"阴影"的数量调整到适当的量，这样可以让暗部变亮，调整完以后，单击"确定"按钮。接着按快捷键"Ctrl"＋"C"之后，单击"背景 副本2"图层左侧的"指示图层可见性"眼睛图标消失的位置，让眼睛图标再次出现。

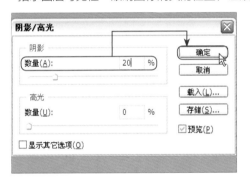 

STEP 6

选择"背景 副本2"图层，在"图层"面板中，这个图层呈选取状。在"图层"面板下方单击"添加图层蒙版"按钮，然后确定"背景 副本2"图层的缩览图右则出现一个如图所示的白色缩览图。

STEP 7

按住键盘上的 Ctrl 键不放，然后在白色的缩览图上单击。接着按快捷键 Ctrl + V，发现中间的白色画面突然变黑白的照片。

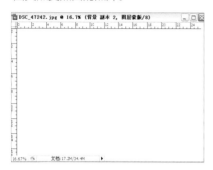 

STEP 8

执行"滤镜 > 模糊 > 高斯模糊"命令。在弹出的对话框中，把"半径"调到40像素后，单击"确定"按钮。

STEP 9

最后执行"图层 > 拼合图像"命令后，就大功告成了，再存成自己要的文件格式就可以了。

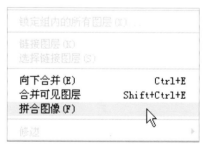

吉米小诀窍 何谓图层？很多后期处理软件都是利用图层来进行后期处理的。图层就是类似在一张画纸上依次叠加很多张画纸，每一层的画纸都只作一些编辑修改。例如，第一个图层用来美化鼻子、第二个图层用来美化眼睛、第三个图层用来美化皮肤等，这样的好处就是当处理失败时可以一层层重新再来。如果软件不支持图层的话，在原图上进行修改后，就已经无法单独处理或更改了。

▲ 图层就是这样层层叠叠的，可以对每个图层单独进行修改，最后处理完成在全部图层拼合成一个图层。在数码后期处理中，图层使照片修饰操作拥有很高的自由度

人像美容之数码修饰秘技

在人像摄影作品中，常常会看到吹弹可破的肌肤。通常只要摄影前模特儿有稍微上妆，所拍照片中的皮肤就会比较好看，但有时候拍摄前没办法事先上妆，这时就会利用后期处理修饰人物的肤质，也就是俗称的磨皮。

在人像照片后期处理中，常见的处理有去斑、磨皮、点睛、削骨和美化五种。而要进行这样复杂的处理，当然只有Photoshop可以胜任了。

▲ 左图是经过修饰的照片，而右图是完全没有处理过的原图

去斑

STEP 1

在Photoshop中打开要处理的文件后，进行下一步。

STEP 2

利用右上方的"导航器"面板，将预览的画面缩放到适合的大小。在工具箱中选择"污点修复画笔工具"，准备开始自动修补斑点。

STEP 3

在选项栏中单击"画笔"选项旁边的下三角按钮，并在弹出的面板中将"直径"调整成30 px。

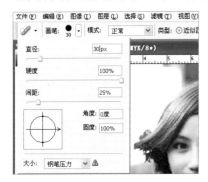

STEP 4

将光标移动到人的脸部，在斑点上单击。

STEP 5

单击斑点之后，会发现斑点不见了。就这样慢慢地去修补脸部的其他斑点。

STEP 6

全部修完后，所有的斑点通通不见了。

磨皮

STEP 1

接下来就是磨皮动作。磨皮前为了避免失败，先复制一个图层。执行"图层＞复制图层"命令，来复制一个新的图层。

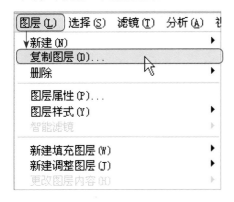

STEP 2

接着执行"滤镜＞模糊＞高斯模糊"命令。

STEP 3

在弹出的"高斯模糊"对话框中，将"半径"调整为5.0像素后，单击"确定"按钮。这里的"半径"依照模特儿的原始肤质或想要磨皮的程度来做决定。

STEP 4

执行"图层＞图层蒙版＞隐藏全部"命令，隐藏刚刚制作的效果。

STEP 5

在工具箱中选择"画笔工具"，开始做磨皮的工作。

STEP 6

在画笔工具的选项栏中，将"主直径"为100px。此数值一般只要大小适当即可。

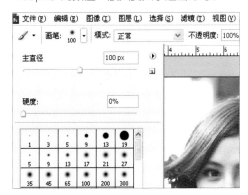

STEP 7

用画笔涂抹脸部，记得眼睛和一些需要留下细节的边缘不要涂抹。在"图层"面板中设置"背景 副本"图层的"不透明度"为58%，数值调得越小则磨皮效果越弱，但会越自然。执行"图层＞拼合图像"命令，磨皮的工作就完成了。

点睛

STEP 1

执行"图层>复制图层"命令，复制得到一个图层。

STEP 2

在工具箱中选择"减淡工具"，来准备开始让眼睛更为有神。

STEP 3

在选项栏中单击"画笔"选项旁边的下三角按钮，并将"直径"调整为50 px，在处理眼睛时，记得不要超出眼睛边缘，不然眼睛会显得怪怪的。

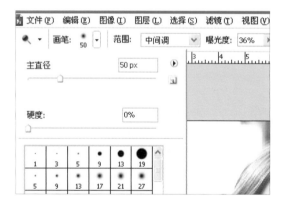

STEP 4

这里我们先处理左眼。可以清楚看出处理后左眼比右眼更亮更为有神。再把右眼也处理一下。记得只要一直按住鼠标左键不放，不管重复涂抹几次都只会加亮一级，放开再单击就加亮第二级，小心处理，不要把眼睛弄得太亮。

STEP 5

在右下方的"图层"面板中调整"不透明度"，透明度越低效果越不明显，但却会越自然。这里调整"不透明度"为80%。全部处理完之后，可以利用右上方的"导航器"来放大画面到100%，借以确认处理到完美为止。

削骨瘦脸

STEP 1

为了保险起见，第一步还是要复制一个图层，来避免出现错误而无法恢复的情况。

STEP 2

在工具箱中选择"矩形选框工具"。

STEP 3

圈选需要处理的范围，记得只要圈选要处理的范围即可。圈选的范围越小越好处理，但就无法比照整体的比例；圈选的范围越大则越难处理，但却可以比照整体比例，确认没有处理得太过火。

STEP 4

执行"滤镜" > "液化"命令。在弹出的"液化"对话框中选择"缩放工具"，光标变成圆形的标靶时，在脸部微凸的边缘移动，每单击一次脸就会缩一点点，直到一切都显得完美即可。而适当调整右方面板中的画笔大小与画笔密度，则是完美处理的诀窍。

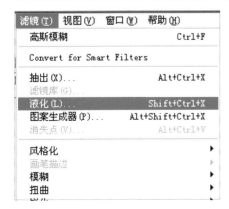

STEP 5

因为模特儿的脸型本身就很漂亮，几乎只要让棱线再更完美一点点即可。全部处理好之后，单击右上方面板中的"确定"按钮即可。

完美脸颊

STEP 1

执行"图层 > 复制图层"命令，来新增一个图层。这个步骤准备要修饰模特儿脸部一点点天生的小眼袋，但是也有人称之为卧蚕。有时候把眼袋或卧蚕修掉，整个脸反而会不自然，这里是当作示范来处理，这个步骤依照个人感受来决定要不要处理，本案例中的模特儿其实不需要处理也已经很完美了。

STEP 3

圈选完整的区域后，将区域拖曳到干净的区域，电脑会自动智能修补。但若拖曳到差异太大的部位，则效果会很差。

STEP 2

在工具箱中选择"修补工具"。利用右边的"导航器"面板，将脸部的画面调整到最大。但前提是保持脸型的完整，这样才能比对一下，检查有没有修得太过火了。

STEP 4

处理完左眼后，利用同样的步骤来处理右眼。

STEP 5

接着用同样的方法，来处理轻微的法令纹。通常将法令纹处理掉，人会显得比较年轻。

STEP 6

处理完左边，右边就一定要跟着处理，否则会显得有点奇怪。

STEP 7

全部处理完之后，利用右上方的"导航器"面板，将画面缩回到25%、确认是否修得过火了。

STEP 8

最后执行"图像"＞"调整"＞"色阶"命令。在弹出的"色阶"对话框中，可以看到中间的一个分布图，只需要调整该图下方的三个三角形滑块的相对位置，其他的都不要调整，直到整个画面比较自然为止。

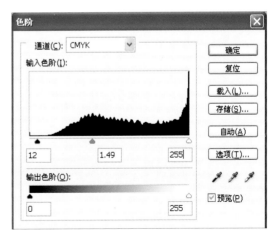

13-12 蓝天白云合成作品

出外游玩很多时候，每每到了名胜古迹，但天空阴霾一片，拍下来的照片虽然好看，天空却一片灰灰的，实在是破坏美感。不过没关系，只要利用平常大好天气时所拍的云层照片，也可以把它合成到这些名胜古迹的照片中。但记得一件事，这些照片只是与朋友、家人分享，不能拿去参赛，否则就误解了数码后期处理的意义了。

 +

=

▲ 左上图的宫殿加上右上图的云层，就会合成出下图气势非凡的照片

STEP 1

在Photoshop中打开宫殿的原始照片。

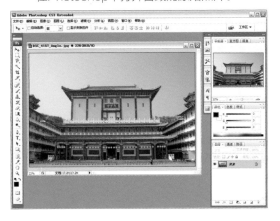

STEP 2

执行"图层>复制图层"命令。

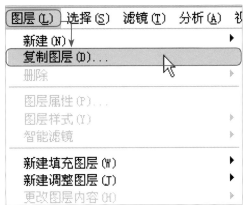

STEP 3

在弹出对话框后，不做任何设定，直接单击"确定"按钮。

STEP 4

在工具箱中选择"魔棒工具"。

STEP 5

用"魔棒工具"选择天空部分。魔棒会自动分析天空与宫殿的边缘，并直接选择天空部分。在这个过程中记得不要让虚线超出天空，不然那些被涵盖进来的图像部分也会被一起处理掉。

STEP 6

选取完天空之后，按快捷键 Ctrl + + 。使照片放大浏览，会发现很多边缘没有选取。

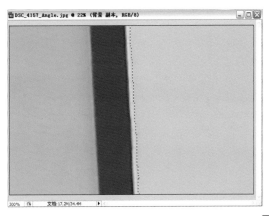

STEP 7

继续利用"魔棒工具"选择那些遗漏的地方，小心不要点到建筑物的颜色位置。

STEP 8

全部完成后，按快捷键 Ctrl + □ 缩小显示照片，天空刚被选取没有任何天空以外的部分被涵盖。

STEP 9

执行"编辑＞清除"命令。

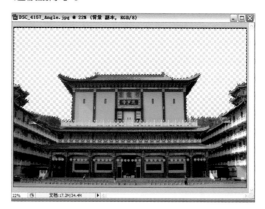

STEP 10

完成上一步骤后，会发现天空部分的图像通通被删除了。

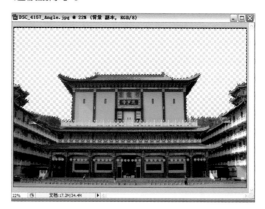

STEP 11

接着执行"文件＞打开"命令，打开另一张云的照片文件。

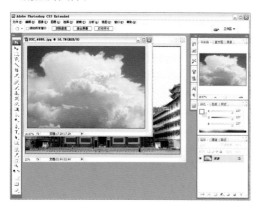

STEP 12

在"图层"面板中选择"背景"图层，将其拖曳到宫殿照片中。

STEP 13

　　宫殿照片上出现了云层图像。在"图层"面板中将"图层1"图层拖曳到"背景副本"图层与"背景"图层的中间，云就会跑到宫殿后面去了。

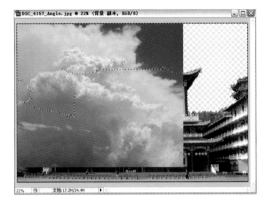

STEP 14

　　执行"选取＞取消选取"命令，取消对天空部分图像的选择。

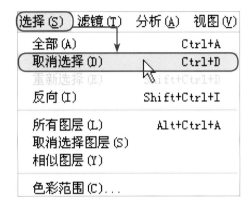

STEP 15

　　在工具箱中选择"移动工具"。

STEP 16

　　把云层拖曳到正确的位置，没有任何空白出现。（在拖曳云层前要确定图中的右下角中的"图层"面板中确定云层所在图层为当前选择图层）

STEP 17

　　执行"编辑＞自由变换"命令。

STEP 18

云的四边会出现八个控制点。拖曳控制点可改变云层的大小和形状。以此让云符合图中的比例。

STEP 19

执行"图像＞调整＞自动对比度"命令，让蓝天更蓝让白云更白。

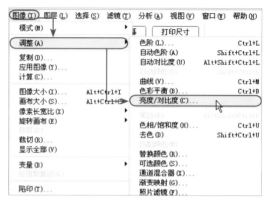

STEP 20

执行"图像＞调整＞亮度／对比"命令。在弹出的对话框中将"亮度"调成"+10"，"对比度"调成"−10"，单击"确定"按钮，可以让对比度与亮度不至于太夸张。（这个步骤可以省略）

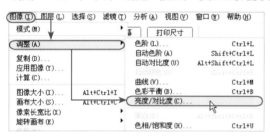

STEP 21

执行"图层＞拼合图像"命令。

STEP 22

弹出提示对话框后，单击"确定"按钮。

STEP 23

　　执行"文件＞保存"命令，保存自己要的文件格式。

STEP 24

　　执行"文件＞存储为Web和设备所用格式"命令。

STEP 25

　　在弹出的对话框中，调整所有的设定值后，单击"储存"按钮，就大功告成了。

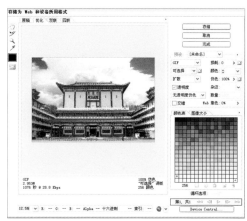

吉米小诀窍　选择一个图层并按快捷键Ctrl+Alt+G或在按住Alt键的同时单击两个图层之间的缝隙处，均可快速
创建剪贴蒙版。

老镜重生与魅力

数码单反相机凭借随拍随看、可后期处理以及照片分享方便的优势，让摄影活动完全平民化与普及化。正因为如此方便，许多从传统胶片时代走过来的老摄影玩家，开始对一些老镜头大有兴趣。但是将近一个世纪以来，各个相机或镜头制造商都有着自己的设计标准，从镜头接环、连动对焦，乃至镜后成像距的差距，显示了制造商要控制消费市场取向的想法。不过数码摄影时代的方便性让使用者想出了相对的消费对策。

A-1 老镜转接

老镜转接受到很多质疑，因为新镜有很多优势：新镜可以自动对焦（AF）、新镜多层镀膜（Coating）的抗眩光能力比较优秀，新镜有防抖机制等。需要手动对焦（MF）的老镜只是增加麻烦而已。其实老镜与新镜的优劣之争，都只是主观的看法而已，但通常以玻璃为材质的老镜，以及不同年代的手工制造技术，所拍摄出来照片的颜色与质感都是让这些摄影老匠所津津乐道的。

老镜的重生第一个要考虑的因素就是接环的兼容性。当然也不只有老镜有机会转接，只要接环或卡口的规格一致，连新镜都可以来个异厂转接。但是重点就是镜头与相机之间规格的一致性，而决定这个转接规格的因素除了镜头之外，最重要的就是相机，还与转接环不同品牌有关。

▲ Leitz Summicron-R 50mm F2 老镜转接Nikon D50拍摄成像

一般而言，相机的镜后成像距会决定这台相机转接镜头的难易度。选择一台数码单反相机来当转接老镜的主力时，通常选择Olympus或Canon的数码单反相机是最方便的。因为这两个系统的镜后成像距对于镜头转接会有最大的兼容性，而通常转接到Nikon相机上都需要改镜头，但是Nikon的老镜头却是最容易被转接到其他品牌相机上。

▲ M42蔡司老镜转接Olympus E-300数码机身

▲ Leitz Summicron-R 50mm F2老镜转接Nikon D50数码机身

镜后成像距与不同品牌镜头转接

| A-2 |

如果想使用不同规格的异厂镜头转接，最重要的就是要考虑镜后成像距（Register Distance）。镜后成像距可以视为镜头与胶片或感光元件的距离。通常镜头的镜后成像距越长，可以转接的镜头越多，例如Nikon。镜头的镜后成像距越短的，可以转接的镜头越少。

▲ Contax镜头转接Nikon机身，因为镜后成像距的关系，必须加装含有校正镜的特别转接环

吉米小诀窍　相机镜头一般而言都是使用凸透镜制造的，所有经过凸透镜的光，在镜片后都会刚好聚于焦平面上，而这个焦点就是放胶片或感光元件所在的位置。从镜片到镜后的焦点的距离就称为镜后成像距。不同品牌的相机都会有不同的镜后成像距。

如果觉得转接还是有点复杂，有点搞不清楚，那就参考下面的表格，不需要去复杂思考，只要记得越上面的相机，就越容易可以转接下面的镜头，而越下面的相机，则可以转接的镜头品牌就越少，除非有厂商制作含有校正镜的转接环。

▲ Minolta Rokker-X 250mm 转接 Nikon F100

常用相机及镜后成像距

OLYMPUS-Pen F	28.95mm	CONTAX（YASHICA/KYOCERA）	45.50mm
Alpa	37.80mm	Nikon F	46.50mm
Konica AR	40.70mm	Contarex	46.00mm
MIRANDA	41.50mm	OLYMPUS OM	46.00mm
Canon R/FL/FD	42.00mm	LEICA R	47.00mm
Minolta MD	43.50mm	Mamiya 645	63.30mm
PETRI	43.50mm	Pentax 645	70.87mm
Canon EF	44.00mm	EXACTA 66（Pentacon-6）	74.10mm
MINOLTA（Sony）α	44.50mm	Hasselblad	74.90mm
Rolleiflex SL35（Q.B.M）	44.60mm	Pentax 67	84.95mm（74.10mm）
EXAKTA	44.70mm	Mamiya RZ67	105.00mm
Pentax K	45.46mm	Rolleiflex SL66	102.80mm
M42	45.46mm	Mamiya RB67	112.00mm

A-3　电影镜头转接简介

　　有了转接镜头的经验后，很多人渐渐无法满足使用这些135mm相机的镜头，转而开始对电影镜头产生兴趣，甚至是大画幅镜头的转接。当然这时候新的疑惑又出现了：电影镜头到底有多神奇？其实电影镜头并没有很神奇，只是每个摄影师主观的需求不同。如果手边的镜头就已经可以满足个人需求，那电影镜头就一点都不神奇，因为电影镜头的价值，并不会高于手边的那些AF新镜。

　　某些年纪都已经数十年的电影镜头居然都是抢手的镜头，为何玩家会如此趋之若鹜呢？如果很简单地从光学角度来看电影镜头，其使用的材质与镜片研磨的公差就比一般单反相机精密许多。因为通常照片是几吋到几十吋在看，而电影一般都是几百吋在观赏，如果解析不够强、层次不够凸显，或镜头发色不够迷人，那么用这样的镜头拍摄的电影在大屏幕放映时自然"无法观看"。

📷 Loveada

Nikon F100、
Kinoptik 75mm、
Reala 100
📷 Loveada

吉米小诀窍

通常转接电影镜头需要修改接环卡口，很多人习惯改成Nikon的F-mount卡口，因为它的镜后成像距最长。除了可以接Nikon相机外，还可以转接到其他例如Canon或Olympus的一些主流相机。但是最方便的卡口还是改成望远镜常用的T-mount，几乎所有的135mm单反相机都可以转接这种卡口，而且T-mount转接环很好找到，又很便宜。

很多电影镜头除了高规格外，其焦外成像（散景）更是有着不同的特色，也吸引着不同领域的摄影玩家。如果对电影镜头有兴趣，比较著名的电影镜头有以下几个品牌（以字母顺序排列）：

Nikon F70、Kinoptik 75mm
Loveada

1.ANGENIEUX

法国一家以RETROFOCUS专利轰动一时的著名电影镜头厂，除了高质量电影摄影机镜头之外，早期也有生产少数相机镜头（P. ANGENIEUX），在20世纪80年代也生产少量的相机镜头。而美国NASA太空总署用的高规格光学镜头就是委托该厂商研发生产的。

原厂网址：http://www.angenieux.com/pages/index.php

2.ASTRO BERLIN

ASTRO BERLIN是1931年成立于柏林的德国镜头厂。该厂所生产的镜头因发色与散景与一般德国镜头大相径庭，使人极为印象深刻。该镜头厂已于1991年结束营业，Pan-Tachar系列为其经典代表。

参考网址：http://www.exaklaus.de/astro.htm

3.Bausch & Lomb

美国博士伦厂商成立于1853年。一般人熟悉这个厂商多是因为其生产的隐形眼镜。但这家一流的美国光学厂商在第一次世界大战后，开始生产高质量的电影镜头以及相机镜头，1971年博士伦发明了全球第一副隐形眼镜后，开始奠定了该厂在光学科技领域不可替代的地位。

照片成像参考网址：http://muphoto.web.infoseek.co.jp/Photo/Lens/Baltar10023.html

Nikon F100、Kinoptik 75mm、RDPIII
Loveada

4.CARL ZEISS

　　这是一家德国名厂，不仅仅是生产相机镜头，也生产电影镜头。以其卓越出众的光学质量，一直为德国重要的科技代表。几项重要光学专利诸如TESSAR、PLANAR，与SONNAR等，一直广泛被各镜头制造厂使用至今。二次大战后，蔡司一分为二，东德蔡司（CARL ZEISS JENA）借由苏联的支援重新成立，出现了两个不同的蔡司品牌镜头。原厂网址：http://www.zeiss.com/

Nikon F100、Kinoptik 75mm、RDPIII
Loveada

5.DALLMEYER

　　早期英国知名镜头厂，以其SUPER-SIX系列（俗称超六的镜头）最为著名。数量极为稀少，发色散景皆有其独到之处（不少玩家称之为水彩式的散景）。也因为它焦外成像的特色，该镜头在是目前众多玩家争相收藏的镜头之一。

Nikon F100 + Kinoptik 75mm + RDPIII
Loveada

6.KINOPTIK

　　KINOPTIK成立于1932年，是一家法国极具代表性的镜头厂，主要从事于电影光学镜头以及其他高档光学产品研发。当然，许多进阶的玩家都会知道，KINOPTIK生产的相机镜头至今仍然备受瞩目。目前网络上流传最多的，不管是新镜还是老镜，最有名的就是K50、K75与K100三支镜头。

Nikon D200、Kinoptik 75mm
Loveada

7.KERN

以生产顶级相机机身著称的ALPA，玩家一定都不陌生。公认最好的APLA经典KERN SWITAR MARCO 50mm f1.9标准镜头就是委托这家瑞士镜头厂制造的。如果需要入门的电影镜头，KERN YVAR系列的电影镜头，绝对会是物超所值的上上之选。

原厂网址：http://alpareflex.com/

Nikon D200、Kinoptik 75mm
🖾 Loveada

8.KILFITT

在二十世纪五六十年代，KILFITT是德国最著名的镜头厂，生产了一系列高质量的电影镜头，同时生产各式转接环，可供120及135画幅相机使用。但其卓越的高质量光学镜头的生产仅持续到二十世纪八十年代。以KILAR及ZOOMAR最为著名，而几支经典镜头更有MARCO 1:1的特殊功能，也是近年来电影镜头收藏家争先抢购的主要对象。

参考网址：http://www.kilfitt.org/

9.KODAK

KODAK美国的知名一流大厂。以EKTAR系列最负盛名。此外，一些KODAK所生产的电影镜头也有极高评价。

参考网址：http://www.exakta.org/

10.SCHNEIDER

德国施奈德是一家一流的德国镜头厂。目前最高质量的B+W滤镜也与其有相当的关系，是德国至今最具代表性的光学厂商之一。除生产高质量相机镜头外，也生产许多高规格的专业电影镜头。

原厂网址：http://www.schneideroptics.com/

11.SOM BERTHIOT

这是一家法国名厂。该厂商生产的镜头的发色色调承袭法国一贯的迷人浪漫风情，不过产品数量较为稀少。法国部分中画幅相机（SEMFLEX）则采用该厂的镜头。该厂商生产的镜头二手价格不贵，绝对值得典藏。

12.TAYLOR HOBSON COOKE

这为英国极为知名镜头厂，该厂所生产的镜头是美国好莱坞电影业界的最爱。著名的哈利波特电影就是使用COOKE镜头所拍摄的。相信不少徕卡迷也会认识TAYLOR HOBSON这家英国著名的光学公司。早期双高斯的镜组结构中，由于当时镀膜技术与材质问题一直无法实现，而经TAYLOR HOBSON改良后，才应用于当时高级光学镜头，早期徕卡双高斯结构镜头则是委托该公司制造。近年来，COOKE则由TAYLOR HOBSON独立出来，成为一家独立镜头制造厂商，来生产高素质电影镜头。

原厂资料网址：http://www.cookeoptics.com/

13.WOLLENSAKE

这家优良的光学公司是由一群美裔的德国工程师所组建的美国镜头厂。这家镜头厂大家应该较为陌生，当然价格也比较低廉。过去该镜头厂在摄影界有美国徕卡之称，不过现今仅有少量镜头存留下来。

电影镜头有点复杂，电影镜头有8mm、16mm、35mm，甚至是70mm等不同规格。目前常用的DSLR数码单反相机大多为APS-C画幅的（135mm全画幅机属少数）。所以在选择电影镜头上，除了要考虑品像外，最必须要考虑的就是相场（成像的涵盖范围）了。相关的问题可以到网络上的相关论坛去查询改机信息。

Nikon F100、Kinoptik 75mm、Reala 100
📷 Loveada

吉米小诀窍 很多电影镜头因为相场涵盖不足，无法修改镜头，也就转接使用在135mm的相机上，所以必须花很多时间去研究该镜头的相场大小。如果对于这些不熟，又一定要玩电影镜头，通常会有一个小技巧就是挑选焦段在50mm以后的镜头，该焦段的镜头相场的涵盖都不是大问题。

镜头清洗与维修

不管是新镜还是老镜，都是有可能会出问题。例如，镜头发霉、跑焦或是入尘。不仅令人伤神，也让镜头的转让价格下落。通常喜欢玩老镜的人一定都会遇到这样的情形，为了省钱只好找有一点点缺陷的，甚至是推拉式的变焦老镜。除了松动必须上油外，镜头的维修、清洗的详细状况，与预算考虑都是必须要注意的。

▲ 老镜可能会有的镜头刮伤、镀膜退化或发霉

对于镜头的维修，如果在保修期内最好是送回原厂维修，因为有些新镜是属于防水防尘的密封型组装，甚至有些老镜内有充填惰性气体，一般店家是无法处理的。通常只要在每次拍完照后，能细心整理并置入防潮箱的话，是不容易出问题的。镜头有些霉点或入尘除了让心情不好以外，对于成像的影响是微乎其微的，要不要维修就在于个人的主观意识了。

照片储存与应用

在胶片时代，大概因为每一张照片和胶片都是需要花费的，所以通常一卷胶片可以拍好几天。除非是专业摄影师或以此为工作的人，照片的数目不太可能多到无法整理的地步。

但进入了数字时代后，原本一个景拍一张照片的习惯却有了改变。因为数码相机的拍摄不需要胶片的耗费，因此可能为了某些需求，而在同一个场景拍了几百张。日子久了，拍摄不是一种负担，反而在如何清楚整理这些数码照片，或是日后如何找到想要的照片上，产生一个大问题。

B-1　大量照片整理与快速搜索照片技巧

数码照片与传统照片不一样，阅览传统照片只要展开装胶片的无酸素塑料袋，一眼望去就是35张左右，很快就可以找到自己要的照片。可是数码照片通常因为屏幕大小的限制，大多只能从缩略图或文件名称来判定自己所要的照片，而且当文件一多时，一定会利用文件夹分类，但文件夹里根本无法直接看到照片，所以在照片的整理上，文件的命名技巧，就是日后搜索自己拍摄照片的惟一线索了。

在数字时代，按快门的次数开始没有了节制，因此而产生了数量庞大的照片，也就变成了问题。如果是一两次那还可以慢慢整理，可是通常一般人的习惯总是会不知不觉堆积一堆文件，在突然想起却找不到所需照片。

1.照片整理命名技巧

想在一堆复杂的数码照片中，快速找到自己要的照片，那就要靠接下来介绍的分类文件夹命名技巧。虽然这只是一个很简单的命名步骤，但是如果从一开始这样做，对于后来的照片搜索会非常有帮助。

当然文件夹的分类是可以自己决定的，但如果不知道怎么下手规划的话，可以尝试根据照片的常见主题划分。例如，新建如下图这10个文件夹并依序分类：00_新进暂存、01_静物摄影、02_活动记录、03_人像摄影、04_动物摄影、05_婚礼摄影、06_风景摄影、07_星空烟火、08_运动追焦、09_随拍记录、10_胶片摄影。

吉米小诀窍　在文件夹整理命名中，利用了数字当开头的好处就是文件夹可以依自己要的顺序作分类。另外在中文与数字之间使用了"_"这个底线符号，把数字与中文分开，不让数字去干扰中文，有助于快速辨别文字。使用"_"却不使用空白，是因为有些程序或操作系统，对中文夹杂空白命名的文件会出现错误而无法打开。

这样做的好处就是当有需要找照片时，可以快速利用这些分类来回忆，例如曾经拍过某一张花卉照片，那就一定在静物摄影分类里面，这是目前任何高档的搜索引擎都做不到的图像记忆搜索，但是这样分类，却可以协助我们利用图像记忆来找寻需要的照片。

▲ 照片文件夹归类技巧

2.文件夹之命名技巧

当上面的步骤都完成以后，就是每次拍摄的文件夹归类了。通常中文名称会无法按顺利的依序排列，所以这里必须使用数字来作名称开头，而最好的方法，就是使用日期来当文件名称的开头，再利用每次拍摄的中文主题来命名。当然这个步骤不能在积累了一堆文件以后才做，而是每次把照片上传到电脑时一定要确切执行的，这个小动作在日后找寻文件时，会有非常大的帮助。

利用日期开头与活动命名文件夹还有个好处，就是可以让所有的照片依照日期作排序。在一张照片的搜索中，我们可以利用日期、季节或是活动的模糊图像记忆，来搭配文字线索作搜索，快速且确实找到需要的照片。

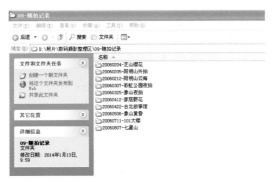

▲ 以日期与活动名称作命名的文件夹分类技巧

3.后期处理后照片的整理技巧

数码照片的另一个整理难处，就是后期处理后的照片与原始照片到底要留谁，如果硬盘够大的话，建议可以把所有过程的照片都留下来。在上一个步骤的日期主题分类后，下图是利用01_RAW、02_MoJPG、03_Frame、04_GoodSelect，来分别存放各个后期处理过程的文件，保留源文件的好处就是，后期处理的技巧会随着经验而进步，如果有保留，日后可以把以前失败的照片尝试拯救回来。

如下图所示，"01_RAW"可以放置RAW档拍摄的原始文件；"02_MoJPG"的意思就是后期处理过的JPG文件（Modified JPG）；"03_Frame"的意思就是框架，可以放置有加框签名的数码照片；"04_GoodSelect"则是自己觉得不错的照片，可以放置准备网上上传、发布或寄送的照片。

▲ 利用不同文件夹来保留不同后期处理过程的照片

4.临时文件夹的妙用

在前面照片归类命名技巧中提到一个"00_新进暂存"的文件夹。这个文件夹的目的，是因为整理照片算是一件非常繁琐且无聊的工作，通常人都会偷懒，绝对不会每次都切实整理，所以这个文件夹就派上用处了。

通常在照片要上传到电脑时，可能没有很多时间去作分类。这个时候只要利用日期和简单的中文主题，去命名准备从存储卡上传到电脑的文件，再放置到这个文件夹内，不仅文件不会乱七八糟的，日后有时间进行细项的分类时，也可以随时查询还有多少文件夹没整理。

▲ 临时文件夹之妙用

5.快速搜索镜头技巧

在我们搜索照片时，还会遇到一个图形记忆所无法解决的最大难题，就是想搜索同一种镜头所拍出的照片。当然可以使用工具一个个观看EXIF来找照片，但是当照片有上万张时，这就是很困难的问题了。

所以当遇到这种情况时，可以在需要的照片文件夹中，加入一个TXT的文字文件，如下图这个TXT文件的命名就以镜头来命名。当然TXT的内容也可以输入其他器材的相关信息，这样的作法有个好处，就是如果日后需要依不同镜头来找同类的照片时，可以利用操作系统的搜索功能去搜索镜头名称，找到TXT文件也就找到了同样镜头拍摄的照片。

▲ 利用TXT文件来协助镜头类别的照片分类

6.利用Picasa 3快速搜索照片

如果以上的方法都找不到需要的照片时，还有最后一个方法就是一张张照片慢慢找。但是最大的问题就是如果照片文件是散落在不同硬盘，要找出照片的位置可就相当困难了。这个时候，Google提供的免费软件Picasa 3就可以帮上大忙。

◀ 图中就是Picasa 3打开后的照片预览功能。通常第一次安装时，软件会对整个计算机的照片文件进行扫瞄，需要花费时间会比较久，但是照片不管分散在哪个硬盘或文件夹中，它都可以全部找出来。当建立第一次的预览数据后，之后打开预览窗口动作就非常快了，几乎是即开即视

◀ 如果已经安装过Pcasa 3，则可以执行"文件 > 将文件添加到Picasa"，弹出对话框并接续下一个步骤

◀ 在弹出"文件夹管理器"对话框后，单击左边的"文件夹列表"面板中的每一个文件夹，再单击右边的"扫瞄一次"选项，让所有的文件夹都变成打勾，再单击"确定"按钮后，就可以把整个计算机的照片都变成快速照片索引文件了（如果想要每次打开Picasa都新增更新照片索引，则可以勾选"总是扫瞄"选项。）

B-2 存储卡规格与测试

选购相机时，其实还有另外一项决定性因素，就是存储卡的种类。而一般最普遍的就是CF卡与SD卡了（Nikon的顶级机身使用了一个更高速的存储卡规格XQD CF，这个CFA宣布的新规格有可能迫使CF卡直接淘汰），所以通常如果想要省钱或是换机型后还可以继续使用同样的存储卡，大多要考虑支持这两种记忆卡的数码相机。

▲ 图中就是目前主流的三种规格的大小与外观，左起CF、XQD CF、SDXC

一般而言，如果对于存储卡的规格不熟，有两个选择的要素：第一个选择知名大品牌（兼容性较高）、第二个选择较高倍数的读取速度（存取速度较快）。通常存储卡上标识的倍速都是非常不准确的。这里则利用FDBENCH的简易软件来作很简单的测试，只要在软件中单击"ALL"按钮就可以很快的测出速度。

FDBENCH官方下载网址：http://www.hdbench.net/software/fdbench/

▲ FDBENCH可以测试出存储卡的相关读取数据，还有大小文件读取与写入的不同差异

SD存储卡

就SD卡而言，从SD、SDHC乃至SDXC的规格衍生，大致上就是速度快慢与容量大小的差异。但是记得一件事，新的机身卡槽可以读新卡与旧卡，而旧的机身卡槽只能读旧卡，这点在选购上是需要很注意的，否则买来是不能用的。

第一代SD卡的读写速度常常虚标而造成消费者困扰，所以从SDHC开始，使用Class来分级。目前SD卡的主流规格为SDHC的Class 10，所谓的Class就是读写速度的等级，而Class 10，最大传输速度可达每秒23MB，比较有规模的厂商，还会标出写入速度与读取速度，小品牌的存储卡都会钻漏洞，因为写入速度高的比较贵，某些厂商会故意拿读取速度来混淆视听。

▲ 存储卡上的规格标记，CLASS数字越高则代表读写速度越高，如果有录像需求，最好买Class10以上的才不会录到一半卡住

就目前摄影师习惯使用且较有口碑的SD卡有两个，一个是Sandisk的Extreme
Pro SDXC系列，读写速度可以高达95MB/s；另一个则是俗称"白卡"的Toshiba
Class 10 SDHC卡（但后来同
系列也出了黑色的卡，读写上
有写差异，价格也有差异）。

▲ 左起Toshiba白卡、Toshiba黑卡，以及Sandisk的Extreme Pro
SDXC

CF存储卡

CF卡的规格很特殊，从以前到现在容量一直在无限延伸，速度也一直在往上增
加，可是兼容性却一直没有出问题，很多旧型的机器都还可以使用现在最新规格最高容
量的CF卡，不像SD一样会因为存储卡规格改变而必须淘汰机身。当然如果机身读写都
很慢，买高速CF卡虽然可以用，但还是会用低速写入，这点是必须要注意的。

市面CF卡虽然品牌很多，但是大概主流市场都是Sandisk，因为对其数据安全性
的信赖度，大致上比较专业的摄影师手上的CF卡都是Extreme系列的，而目前主流的
就属读写速度高达100MB/s的Extereme Pro系列。因为存
储卡与数据安全性有关，有些高档机身还是每秒十数张的连
拍，虽然市场上还有很多牌子，基于安全性与使用经验，建
议还是选Sandisk的Extreme Pro系列的比较保险。而在市
场上又分水货与行货，价格差异很大，不过质量倒是都差不
多，需要保修的就选行货，需要经济实惠的就选水货吧。

▲ 图为Sandisk Extreme Pro
128GB的高速CF卡

吉米小诀窍　　所谓的倍速基本上是当初光驱测试的速度方式，而存储卡的计算方式也是
一样的，也就是说一倍速就相当于每秒钟150KB的数据传输速度（这里的B指的是Byte）。
所以假设测出来每秒钟可以传输9MB，为了容易计算让1MB=1000KB（正确算法应该是
1MB=1024KB），所以9MB=9000KB，9000除以150等于60，所以大约就是60倍速的存
储卡。

传统摄影的复活

在传统摄影时代，学习摄影的门槛很高，除了某些高端机身外，镜头信息无法记录，胶片无法随拍随看，冲洗过程繁琐，拍坏胶片的耗资不菲。数码相机因为不受胶片的限制，所以在同一个场景可以让新手无所顾忌地拍，而不用担心胶片损耗的问题，并且数码机身记录下来的拍摄环境可以当作学习与改进的基础。

其实，在数码相机越来越多的情况下，很多原本停产的胶片又重新开始生产，因为数码相机不但不会毁灭传统摄影，反而成为引领更多新手进入摄影殿堂的推手。当数码相机无法满足拍摄需要时，拍摄者便会去挖掘传统胶片摄影的优点，甚至去了解摄影背后的本质。胶片比较麻烦？胶片比较贵？胶片画质不纯净？胶片拍出来的照片好像都只能自己看？其实这就是传统胶片摄影的魅力，在数码摄影时代，胶片有了新的生命力。

C-1 正负片摄影入门

在数码单反相机的世界里，决定色彩的是感光元件与镜头，所以购买相机的同时，其实就已经决定了用该相机拍摄的所有照片的成像特色。而胶片相机除了镜头能决定成像特色外，胶片也是另一个决定因素，所以通常不用选相机，而是选胶片。

▲ Minolta Rokker-X 250mm + RDPIII ISO 100
Q Loveada

使用同一台相机，但使用不同的胶片，也会有不同的效果。胶片又分两种：一种是拍起来不是现场原始颜色的负片，通常要冲洗出来才有办法看到原来的颜色；而一种则是还原现场色彩的正片，通常现场是什么颜色，按快门的同时就已经决定了，不会因为冲洗照片的店家不同而有所不同，而且用这种胶片拍摄的照片的立体感十足，因此价格也特别贵。

▲ Konica Minolta Centuria 100胶片

以下是部分胶片的特色，有些规格的胶片已经停产，只能在二手市场上寻找，也许能买到库存货。

负片

品 牌	规 格	特 色
Fuji	Reala 100	锐利，不错的人像胶片，天气好，拍摄效果更棒
Fuji	Superia 100	用于拍摄风景、生态，Fuji的平价负片
Fuji	NPS 160	灯光型负片
Fuji	Superia 200	
Fuji	X-tra 400	适合人像、阴天、婚礼或喜宴室内场合。感光度高，发色自然，感光度可增到800或1600时都还可接受
Kodak	ProImage 100	人像专用片
Kodak	Gold 100	人像使用，Kodak的平价负片
Kodak	High Definition 200（HD200）	拍摄风景、生态以及人像很好用（Kodak极细负片，跟Reala是竞争对手，特性是有些微过曝，但适合拍人像）
Kodak	Portra 400 VC	人像专用片，另外还有160VC，但停产了
Konica Minolta	Super Centuria 100	平价负片中拍摄人像很棒的选择
AGFA	Vista 100	适合拍人像
AGFA	Ultra 100	适合阴天及重口味，拍人像时会偏红

正片

品 牌	规 格	特 色
Fuji	Astia 100	
Fuji	Provia 100	
Fuji	RAP F 100	颗粒最细，适合人像
Fuji	RVP 50	适合风景、生态
Fuji	RVP 100	适合风景、人像（重口味仅次于Fortia SP）
Fuji	RVP 100F	适合风景、生态
Fuji	RDP III 100	适合人像、口味清淡，特别风味，对比不太强烈（粒子很细）
Fuji	Fortia SP 50	适合风景（发色最鲜艳、重口味）
Kodak	E 100 G	适合人像
Kodak	E100VS	适合风景、生态
Kodak	EB	中庸，粒子细，便宜
Kodak	ED	便宜的正片，如果想要惊艳感觉的就别用了
Kodak	EDP 200	适合夜景、长曝，色调正常，不会一片惨绿

| C-2 |

传统胶片数字化

胶片摄影与数码摄影相比较，就很像独乐乐与众乐乐。数码摄影之所以红得火热，是因为数码文件分享极具方便性，而胶片摄影常常都只能自己关起门来品味，就算可以洗成照片，分享也不是很容易。幸运的是，电子设备越来越先进，传统胶片数字化，因为胶片扫描机的出现而变得简单，这使胶片在分享与保存上更加方便。

▲ 利用Konica Minolta Elite 5400 胶片扫描机，扫描得到的Kodak 250D电影胶片的效果

吉米小诀窍 目前常用的个人胶片扫描机有Nikon的Cool Scan系列、Konica Minolta 的Elite 5400与Daul Sacn，以及Epson的GT-X900（V750）系列。

▲ Konica Minolta 5400 胶片扫描机

目前很多冲洗店都有提供"冲加扫"的服务，也就是冲洗照片和把照片扫描成数字文件。如果不想花大钱与浪费时间扫描，送冲印店做数字化处理是个比较简单的选择。虽然冲印的胶片扫描机是高端机器，但是操作员的素质良莠不齐，有时候为了赶件或是节省时间，不管是不是不同规格的胶片，全都套用一样的设定，所以选择好的冲洗店是胶片数字化所要优先考虑的因素。